W0335253

Anne-Kathrin Gomringer

Unsere ersten Schafe

Ulmer

Inhalt

Wissenswertes rund um Schafe

Wollige Wiesenbewohner

Grundlegendes zu Stall, Weide und Co.

Ausstattung und Areale

Lämmer, Milch und Gesunderhaltung

Versorgung und Freizeitspaß

Milch, „Minis" und mehr

Für glückliche Schafe

Vorwort

Es meckert im Garten, neugierig kommen Ihnen die Schafe entgegen und Sie lassen ihre Finger über ihre dichte Wolle streichen. Die vielseitigen Nutztiere können sehr anhängliche Gartenbewohner werden und bieten für Kinder wie Erwachsene einen grandiosen Ausgleich zum Alltag. Auch die Rassenvielfalt ist beeindruckend und hält für jeden Schaf-Fan das passende Pendant parat: vom putzigen, kleinen Ouessantschaf über optisch ausgefallene Gesellen wie dem Kamerunschaf bis hin zu robusten, leistungsstarken Tieren.

Doch das ist noch längst nicht alles. Die wolligen Vierbeiner können nicht nur betrachtet, getätschelt oder ihrer Zuchtrichtung entsprechend genutzt werden. Sie sind durchaus lernfähig, einige werden richtig verschmust und es gibt sogar Schafe, die an der Leine gehen oder zu Therapiezwecken eingesetzt werden. Die flauschigen Vierbeiner sind folglich weit mehr als nur „lebende Rasenmäher“.

Schafe zaubern ein ganzes Stück kerniger, geerdeter Natur in unseren Alltag und begeistern große wie kleine Hobbyhalter – sei es schlichtweg durch ihr Wesen und ihre Gesellschaft oder die tollen Beschäftigungsmöglichkeiten mit ihnen.

Wollige Wiesenbewohner

Nicht ohne Grund erfreuen sich Schafe schon seit tausenden von Jahren großer Beliebtheit. Neben ihrem Nutzen schenken Schafe Ruhe und zaubern schönes Landleben in Ihren Garten.

»
Schafe sind gelassen, wenn sie erst einmal Vertrauen zu einem gefasst haben. Ihre Art, ihre Neugierde und Genügsamkeit: Das schenkt einem frische Energie. Und für die Kinder sind das tolle Tiere. So richtig kernig und zum Anfassen.

Willi

Flauschiges Landleben

Es meckert im Garten, Ihre Hände riechen frisch, weil Sie eben einen Ihrer Vierbeiner gestreichelt haben, Sie fühlen sich gelassen und ganz nebenbei wird der Rasen gratis gemäht. Solch geerdete Momente bringt die Schafhaltung mit sich.

Natur rundum

Schafe sind allein schon aufgrund ihrer Größe wunderbare Gartengefährten. Sie sind handfester als Kleintiere, aber im Vergleich zu vielen ähnlichen Nutztieren, beispielsweise Kühen, viel leichter zu handeln und zu halten. Obwohl Schafe Fluchttiere sind, können sie mit etwas Einfühlungsvermögen und regelmäßigem Kontakt zum Menschen schnell zutraulich werden. Mit einem Hund oder einer Katze sind sie aber nicht zu vergleichen. Trotz jahrtausendelanger Züchtung haben sich die Dickschädel einen großen Teil ihres ursprünglichen Verhaltens bewahrt. Doch gerade das macht ja ihren Charme aus. Schafe bringen eine ganze Menge Natur mit sich, schärfen den Sinn fürs Wesentliche, schenken geerdete Gelassenheit und bieten damit ein wunderbares Pendant zum Alltag.

Traumhafter Kinder-Garten

Ausgeglichen, aufgeweckt und fröhlich: Das klingt doch gut. Kinder, die mit Tieren, insbesondere mit Landtieren, aufwachsen, entwickeln viele positive Eigenschaften, die auch auf andere Lebensbereiche übertagen werden.

Riecht gut. Saubere Schafe haben einen sehr angenehmen, frischen Eigengeruch.

Landtiere schenken durch ihr natürliches Verhalten eine Menge Erdung und Wohlbefinden.

Neben dem gesunden Aufenthalt an der frischen Luft, fördert der Umgang mit den Vierbeinern das Naturbewusstsein, den Respekt gegenüber Tieren, das Verantwortungsgefühl sowie das Wissen über die Herkunft der Produkte, die sie liefern.
Und das geht alles Hand in Hand mit dem Spaßfaktor, mitten im Geschehen zu sein. Zutrauliche Schafe lassen sich streicheln, aus der Hand füttern und können sogar richtig verschmust werden. Heu statt Handy, Freiraum statt Fernsehen und Intensität statt Internet: Gerade in unserer von Medien geprägten Welt zeigt sich, wie sehr der Umgang mit Tieren zu unserem Wohlbefinden beiträgt und frische Lebensenergie liefert. Das gilt natürlich gleichermaßen für Erwachsene.

» *Wenn ich mich bei unseren Tieren aufhalte, bin ich raus aus dem Alltag, einfach weg von Stress und Hektik. Da kann ich richtig durchatmen, runterkommen und fühle mich total entspannt.*

Willi

Grundlagen-Check und Kosten

Damit der Start ins Schafglück reibungslos funktioniert, sollten Sie im Vorfeld einige Punkte berücksichtigen und sorgfältig planen. Wenn Sie dies beachten und motiviert sind, steht dem Start ins Landlive-Glück nichts mehr im Wege.

Blick in die Zukunft

Es ist äußerst wichtig, dass Sie sich nicht nur momentan für Schafe begeistern, sondern sich auch zukünftig um Ihre Vierbeiner kümmern wollen und können. Seien Sie ehrlich zu sich selbst, wenn Sie sich fragen, ob Sie die tägliche Versorgung Ihrer Vierbeiner für die kommenden Jahre übernehmen wollen. Zudem sollten Sie unbedingt eine zuverlässige Urlaubsvertretung haben.
Da eine Schafherde nicht so einfach von A nach B umgesiedelt werden kann wie kleine Haustiere, gilt es, einige Faktoren Ihres Umfeldes und Ihrer Lebensplanung zu berücksichtigen: Sind Sie sicher, dass Sie auch zukünftig genügend Zeit, Mittel und Weidefläche zur Verfügung haben? Falls Sie einen Umzug planen, bei dem Ihre Schafe umgesiedelt werden sollen, muss natürlich auch am neuen Wohnort alles Nötige vorhanden sein. Wichtig ist außerdem, dass die ganze Familie die Schafhaltung befürwortet. Idealerweise haben Sie einen kompetenten Ansprechpartner in Ihrer Nähe, der Ihnen mit Rat und Tat zur Seite stehen kann.

Handfeste Basis für den Start

Damit Sie sattelfest in die Schafhaltung starten können, sollten einige Voraussetzungen gegeben sein. Wie alle Wiederkäuer benötigen Schafe täglich Grünfutter und eine entsprechende Freilauffläche. Wie große diese bemessen sein sollte, hängt einerseits von der Anzahl der Tiere, andererseits davon ab, ob und wie viel Sie zufüttern wollen (siehe Seite 56). Zusätzlich benötigen Sie einen Stall oder Unterstand (siehe Seite 40).

Ganz ohne Regelungen und Vorschriften gehts nicht

Schafe dürfen nicht in jedem Siedlungsgebiet gehalten werden. Auch der Bau von Zäunen und Ställen muss den örtlichen Richtlinien entsprechen. Informieren Sie sich deshalb vor der Anschaffung unbedingt bei der Gemeinde und dem zuständigen Bauamt über Ihre Möglichkeiten.
Die Tiere unterliegen außerdem der Kennzeichnungspflicht, ihre Daten müssen jährlich in die HIT-Datenbank (Herkunfts- und Informationssystem) eingegeben werden, sie benötigen eine Grundimmunisierung und müssen beim Veterinäramt gemeldet sein. Natürlich zählt auch Ihre Bereitschaft, sich um die Tiere zu kümmern.
Neben der täglichen Versorgung fallen in regelmäßigen Abständen die Stallreinigung, Klauenpflege und die Schur an.

Schafe sind Herdentiere, die unbedingt Kontakt zu Artgenossen brauchen, und nie allein gehalten werden sollten.

Verantwortung und Zeitaufwand

Wichtig ist, dass Sie sich in Ihrer Familie einig sind, wer die Schafe versorgt. Legen Sie sich die Tiere beispielsweise Ihren Kindern zuliebe zu, sollte Ihnen bewusst sein, dass auch Sie als Eltern tatkräftig mit bei der Sache sein müssen. Schafe sind keine kleinen Kuscheltiere, deren Versorgung kinderleicht von der Hand geht, sondern benötigen einen verantwortungsvollen Halter, der fähig ist ordentlich anzupacken.

Der Zeitaufwand für die Versorgung der flauschigen Vierbeiner ist ziemlich gering. Die tägliche Grundversorgung mit Futter und Wasser sowie die Kontrolle von Zaun, Stall und den Tieren selbst kann bei kleinen Schafgruppen in zehn Minuten gewährleistet werden.

Wer zutrauliche Vierbeiner möchte, sollte sich jedoch nicht darauf beschränken. Ein paar Streicheleinheiten und Leckereien sorgen für ein positives Verhältnis zwischen Schafen und Haltern. Sie sollten also zumindest eine Stunde täglich für Ihre Vierbeiner einkalkulieren, nach oben hin sind dem natürlich keine Grenzen gesetzt.

Perfekt fürs Lämmchen: Weiches Stroh und Mama in der Nähe.

Basiskosten für Stall und Co.

Das Kostspieligste an der Schafhaltung sind die grundlegenden Anschaffungen. Zu den unabdingbaren Basics gehören Weidefläche, ein Stall oder Unterstand und eine Einzäunung. Je mehr dieser Grundvoraussetzungen bereits gegeben sind, je kleiner die Schafgruppe ist und je weniger Nutzzwecke sie erfüllen soll, desto geringer wird der finanzielle wie zeitliche Aufwand für Sie. Ein eigener Anhänger für den Transport von Mist, Ballen sowie den Schafen selbst ist gut, kann aber bei Bedarf auch gemietet werden.

Wer Weidefläche zur Verfügung hat, alles andere aber erst bauen muss, sollte bei einer Schafgruppe von zwei bis vier Tieren mit einer Anfangsinvestition von mindestens 1500 Euro kalkulieren.

»

Wir hatten eine Wiese mit einem Unterstand. Da war's ganz einfach und günstig, einen Zaun zu ziehen und den Unterstand für die Schafe umzubauen. An einem Wochenende konnte ich alles für unsere kleine Herde aufbauen.

Willi

Sind die Schafe für Ihre Kinder, müssen auch Sie als Eltern mit Engagement bei der Sache sein.

Die tägliche Versorgung kleiner Schafgruppen kann schon mit rund hundert Euro im Jahr bewerkstelligt werden.

Schafpreise

Die Preise für ein Schaf variieren stark in Bezug auf Alter, Zustand und Rasse, wobei sie für Zuchtschafe in der Regel höher liegen als für Schlachtschafe. Bei ausgewachsenen Zuchtschafen orientiert sich der Wert meist am Tier, bei Schlachtschafen am Tier und/ oder an dessen Gewicht. Bei den Lämmern wird gemeinhin in beiden Fällen der Kilopreis als Grundlage verwendet. So makaber es klingen mag: Falls Sie Lämmer holen oder Fleischschafe halten möchten, fragen Sie im Zweifelsfall bei verschiedenen Schlachtern nach, welcher Kilo- oder Stückpreis derzeit für das entsprechende Tier veranschlagt wird.
Bei weit verbreiteten, hierzulande typischen Rassen können Sie in etwa mit Preisen zwischen fünfzig und hundert Euro pro gesundem, jungem Tier (unter drei Jahren) rechnen. Der Kilopreis entsprechender Lämmer liegt oft bei gut zwei Euro. Bei älteren Schafen sinkt der Preis, je näher sie dem „Senioren-Alter“ kommen.
Ausgenommen von diesen groben Angaben sind besondere Liebhaberrassen und züchterisch wertvolle Tiere. Die Preisskala kann bei ihnen deutlich höher liegen. Ausgewachsene Zuchtböcke, beispielsweise, sind meist um Einiges teurer als ihre weiblichen Pendants, häufig auch dann noch, wenn sie den Mädels um einige Jahre voraus sind. Bei Böcken liest man häufig von „gekört“ oder „ungekört“. Unter der Körung versteht man die offizielle Beurteilung von Böcken durch entsprechende Verbände in Bezug auf ihre züchterische Eignung. Folglich gehören gekörte Böcke mit besonders guter Beurteilung zu den teuersten Schafen.

Günstige Rasenmäher

Es gibt Hobbyhalter, die eine drei- bis vierköpfige Mini-Herde mit weniger als hundert Euro pro Jahr sehr gut mit Futter, Wasser und Einstreu versorgen können. Hinzu kommen je nach Zustand und Haltungsform der Tiere Aufwendungen für den Tierarzt oder für zusätzliches Equipment, beispielsweise bei der Milchgewinnung. Das Scheren von Profihand, zu dem in der Regel auch der Klauenschnitt gehört, kostet zwischen vier und fünf Euro pro Tier, zuzüglich eventueller Anfahrtspauschalen.

Eine Tierhaftpflichtversicherung ist immer sinnvoll, weil trotz sicherer Haltung Unfälle passieren können. Für Schafe gibt's den Rundumschutz schon ab unter vier Euro pro Tier und Monat.

»
Manche denken, Schafe wären teuer. Aber wenn man eine Weide hat und vielleicht sogar ein Gebäude, das zum Stall gemacht werden kann, ist das überhaupt nicht kostspielig. Wir versorgen unsere fünf Schafe mit etwa zwanzig Euro pro Monat ganz locker.

Willi

Weidetiere mit Tradition

Schafe begleiten den Menschen seit vielen tausend Jahren. Als Lieferanten für Fleisch, Wolle, Leder, Horn, Talg und Milch sind sie die perfekten Allrounder in Sachen Nutztiere und haben sich vom Wildschaf schnell zu einem weltweit beliebten Vierbeiner entwickelt.

Vom „Urschaf" zum Weltenbürger

Wildlebende Schafe gibt es heute nur noch wenige, die allesamt mehr oder minder vom Aussterben bedroht sind. Sie kommen in Gebirgsregionen Asiens sowie im westlichen Nordamerika vor. Die bedeutendsten Unterschiede zu unseren Hausschafen sind, dass sie ihre Wolle von selbst verlieren und behornt sind. Durch Züchtung wurden beide Eigenschaften dem Nutzen des Menschen angepasst. Hausschafe entwickeln eine dichte Wolle, die geschoren werden muss. Die weiblichen Tiere sind bei den meisten Rassen unbehornt, mit Ausnahmen wie beispielsweise den Heidschnucken.

Bereits vor rund 10.000 Jahren begannen die Menschen, Schafe zu domestizieren, die damit zu den ältesten Haustieren gehören. Über Jahrtausende stand dabei die Fleischgewinnung im Vordergrund. Die Nutzung zur Gewinnung und Verarbeitung von Milch hat ihre Anfänge erst vor etwa 3.000 Jahren. Heute gibt es weltweit rund eine Milliarde Schafe, von denen die meisten in Asien und Afrika beheimatet sind. Neuen Forschungen zufolge stammen alle Hausschafrassen vom Armenischen Mufflon ab. Obwohl Schafe zu den Ziegenartigen gehören, ist ihre Verwandtschaft zu Ziegen weniger eng als ursprünglich angenommen.

Trittsichere Weidetiere

Schafe gehören zu den Paarhufern, was penibel betrachtet kein korrekter Begriff für sie ist. Die Bezeichnung Huf ist nämlich dem Pferd vorbehalten. Schafe, Ziegen, Rinder und Co. besitzen stattdessen Klauen.

Nein, keine Ziegen, sondern Kamerunschafe. Ein Blick aufs Hinterteil gibt Aufschluss: Schafe haben nach unten zeigende Schwänzchen, Ziegen aufgestellte.

Ein Blick auf die Geschichte zeigt, was genau sich hinter dem Begriff Paarhufer verbirgt: Die Entwicklung der vielfältigen Arten der höheren Säugetiere hat sich über Millionen von Jahren vollzogen. Hierbei fanden vielerlei Anpassungen an die unterschiedlichen Lebensräume statt, unter anderem die Entwicklung von Klauen bei einigen Bewohnern von Graslandschaften. Betrachten Sie Ihre Hand, so gehen Schafe auf den Spitzen von Mittel- und Ringfinger, die besonders entwickelt sind. Die anderen Glieder haben sich stark zurückgebildet. Die Beweglichkeit ihrer Gelenke ist eingeschränkt, dafür sind sie sehr trittsicher, was für die Flucht vor Feinden vorteilhaft ist. Der Begriff Paarhufer umfasst eine ganze Reihe von Tieren, deren Zehen zwar ähnlich sind, die jedoch genetisch nicht unbedingt eng verwandt sind.

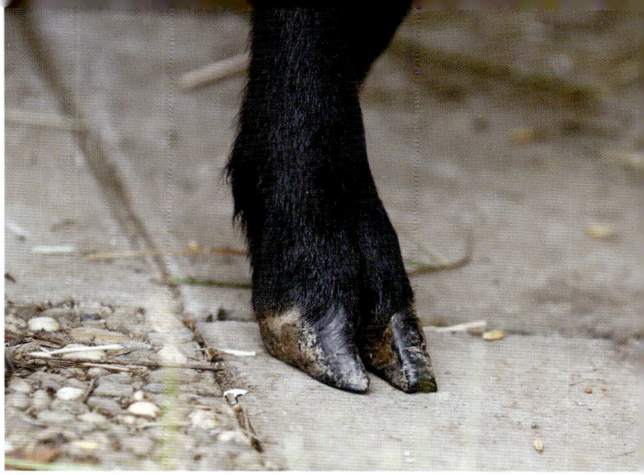

Schafe gehen auf den Zehenspitzen, die von Horn ummantelt sind.

Nutzungszweck und Rassenvielfalt

Durch züchterische Maßnahmen wurden zahlreiche Schafrassen hervorgebracht, die unterschiedliche Leistungen und Merkmale aufweisen. Dem Nutzen nach lassen sich Schafe in folgende Kategorien unterteilen:

- Wollschafe
- Fleischschafe
- Zweinutzungsrassen (liefern Wolle und Fleisch)
- Milchschafe
- Pelzschafe

Die robusten und leistungsstarken Merinolandschafe gehören zu den mitteleuropäischen „Klassikern".

Leider sind neben den Wildschafen auch einige frühere Hausrassen vom Aussterben bedroht, da sie für heutige Verhältnisse relativ geringe Erträge liefern. Zu diesen Tieren gehört beispielsweise das Alpine Steinschaf, eine sehr hübsche Rasse aus dem Bergland, die verschiedene Farben und Zeichnungen aufweisen kann.

Weltweit gibt es zwischen 500 und 600 Schafrassen. Ihre optischen Merkmale reichen vom klassischen „Bilderbuch"-Weiß über bunte Zeichnungen, ausgefallene Vliese und Hornformen, bis hin zu Typen, die vom Laien für Ziegen gehalten werden können. In Deutschland werden über 40 Rassen intensiv gezüchtet. Zu ihnen gehört das Merinolandschaf, das hierzulande am meisten verbreitet ist und vorwiegend zur Woll- und Fleischgewinnung gehalten wird.

Schafe und Menschen

Tradition mit Charakter

Das Bild vom Schäfer mit seiner Wanderherde wird immer seltener. Der Großteil der Schafe hierzulande wird standortgebunden gehalten. Nur noch rund 15 Prozent der Tiere ziehen mit ihren Schäfern von Weidefläche zu Weidefläche. Der Grund für den Rückgang der traditionellen Wanderherdenhaltung ist simpel: Zeit- und Arbeitsaufwand sind immens, der Ertrag dagegen niedrig. Folglich ist diese Art der Schafhaltung nichts, was aus Rentabilität fortgeführt wird, sondern aus echter Leidenschaft.

Hütehunde sind immer dabei: Ohne die verbeinigen Profis wäre die freie Haltung von Schafen nicht möglich.

365 Tage im Jahr verbringen echte Wanderschäfer bei ihren Tieren – Wind und Wetter stets zum Trotz.

Berühmtheit Schaf

Schafe waren schon in der Jungsteinzeit bedeutsam und finden sich in vielen Geschichten und Erzählungen. In der Bibel treten sie mit den Hirten in Erscheinung, die zum Stall in Bethlehem ziehen, häufig wird das „Opferlamm" erwähnt und auch im übertragenen Sinne taucht der Begriff „Schäfchen" oder „Lamm" auf. Dies verdeutlicht, wie wichtig Schafe schon in früheren Zeiten waren und welch engen Bezug die Menschen zu ihnen hatten.

In der Lyrik und Kunst finden sich Schafe oft in Zusammenhang mit romantischen Vorstellungen. Außenseiter werden gerne als „schwarze Schafe" bezeichnet und sogar Baumwollpflanzen, die von Reisenden in der Tartanei entdeckt worden waren, wurde im Mittelalter ein großer Schafmythos angedichtet: Das Barometz (Tatarisch für „kleines Schaf") soll aus den Früchten von Bäumen wachsen, mit denen es nach der Geburt weiterhin durch die Nabenschnur verbunden bleibt. Somit kann es nur so lange leben, bis das Gras in seinem erreichbaren Radius abgefressen ist.

Zweifellos das berühmteste Schaf in unserer Zeit ist Dolly. Es wurde geklont, indem Stammzellen aus dem Euter eines Schafes entnommen und in die von Genmaterial entleerte Eizelle eines anderen Schafes implantiert wurden. Der in einer Nährlösung entstehende Embryo wurde dann einem Leihmutterschaf eingepflanzt. Schon in jungen Jahren zeigte Dolly Zellalterungserscheinungen, die normalerweise erst bei älteren Schafen auftreten.

Die Auswahl der Dickschädel

Schafe können vielerlei Nutzen erfüllen. Ob Sie hübsche Gartenbewohner möchten, Ihre Wiesen pflegen lassen oder gar Milch gewinnen wollen: Für jeden Typ gibt es das passende Pendant.

Mädels allein sind ruhiger – und bleiben auch in der Natur unter sich.

Schafböcke können ganz schön groß sein und sind etwas schwerer zu erziehen als weibliche Tiere.

Präferenzen festlegen

Je nachdem, welches Ziel Sie mit der Schafhaltung verfolgen, können unterschiedliche Rassen, Herdengrößen und Tierkombinationen für Sie in Frage kommen. Deshalb sollten Sie sich überlegen, was Ihnen wichtig und was eher zweitrangig ist. Möchten Sie möglichst pflegeleichte Tiere? Sind Ihnen die Größe oder das Aussehen besonders wichtig? Oder möchten Sie vielleicht Milch erzeugen? Auf diesen Grundlagen werden Sie leicht die passenden Vierbeiner finden, vor allem, wenn Sie einen Fachmann zurate ziehen, der Züchter in Ihrer Region kennt.

Grundsätzlich lassen sich alle Schafrassen zum reinen Vergnügen pflegen, ohne dass ihr ursprünglicher Zuchtzweck verfolgt werden muss. Beispielsweise können Sie Milchschafe halten, ohne jemals melken zu müssen, sofern die Schafmädels noch keine Lämmer hatten oder sie nach der Säugezeit trockengestellt worden sind.

Wer die Milch-, Woll- oder sogar Fleischgewinnung plant, sollte sich unbedingt über dieses Buch hinaus informieren. All dies setzt ein solides, umfassendes Wissen voraus, das nicht in diesem Rahmen vermittelt werden kann und zudem in der Praxis erlernt werden sollte.

Mehr Ruhe ohne Racker

In der Natur leben weibliche und männliche Schafe außerhalb der Paarungszeit getrennt. Die Weibchen mit ihren Jungtieren bilden kleine Gemeinschaften, manchmal sogar größere Verbände. Die männlichen Tiere

schließen sich entweder in Gruppen mit sehr klarer Hierarchie zusammen oder leben einzelgängerisch.
Folglich können Sie weibliche Schafe getrost ohne männliche Begleiter halten. Dies bringt nicht nur den Vorteil der Nachwuchskontrolle mit sich, sondern zudem mehr Ruhe in die Herde.
Häufig beklagen Schafhalter, dass der Umgang mit Böcken nicht besonders leicht ist. Vor allem, wenn Sie Kinder haben, sollten Sie auf einen „Macker" verzichten, da sein Verteidigungs- und Rangkampfverhalten unter Umständen sehr unangenehm werden kann. Wollen Sie Lämmer, können Sie Ihre Schafe vom Bock eines Züchters belegen oder künstlich besamen lassen. Die Haltung von männlichen Tieren empfiehlt sich erst, wenn Sie im größeren Stil in die Schafhaltung einsteigen und regelmäßig Lämmer wollen.

Vielleicht doch Ziegen?

Viele Menschen, die sich für Schafe interessieren, ziehen auch die Haltung von Ziegen in Erwägung. Die beiden Tierarten ähneln sich zwar in Größe und Optik, weisen aber große Unterschiede auf.
Bei Ziegen treten die Charaktereigenschaften der einzelnen Tiere deutlicher zum Vorschein als bei Schafen. Obwohl beides Herdentiere sind, agieren Schafe in der Gruppe einheitlicher. Schafe verhalten sich etwas ruhiger und zurückhaltender als ihre Verwandten, die ständig alles auskundschaften wollen. Dafür sind sie weniger lernfähig. Wer also Wandertouren, Kunststückchen oder schlichtweg mehr Action anstrebt, ist mit Ziegen besser bedient.

Der Arbeitsaufwand ist bei beiden Tierarten (bei gleichem Nutzzweck) in etwa identisch. Schafe müssen zweimal jährlich geschoren werden, dafür benötigen Ziegen etwas mehr an Beschäftigungsmöglichkeiten und Sicherungsmaßnahmen gegen Ausbüxen und unerwünschtes Anfressen von Pflanzen.

Futtergewohnheiten und Hörner

Während Schafe eher Gräser bevorzugen, machen sich Ziegen liebend gern über Gestrüpp und Bäume her. Kurz: Ihr Garten wird vor Ziegen absolut nicht sicher sein.
Der Vorteil ihrer unterschiedlichen Präferenzen beim Futter ist, dass beide Tierarten gut gemeinsam gehalten werden können.
Ein markanter optischer Unterschied ist, dass die meisten Schafrassen hornlos sind. Bei Ziegen hat sich die Zucht auf Hornlosigkeit als schwieriger erwiesen.
Bei der kombinierten Haltung ist deshalb darauf zu achten, dass beide Tierarten in Größe und Gewicht ähnlich sind und entweder nicht oder gleich stark behornt sind. Ansonsten dominieren die besser ausgestatteten Vierbeiner die anderen, wobei Ziegen diesbezüglich etwas rabiater vorgehen als Schafe.

»
Wir haben Schafe und Ziegen. Ich finde beides gut. Mit den Ziegen kann man super spielen. Die Schafe sind nicht so frech.

Klara

Schafe und Ziegen können gemeinsam gehalten werden, unter anderem, weil sie verschiedene Pflanzen bevorzugen.

Vierbeiner aus besten Händen

Bei der Suche nach Schafanbietern ist vor allem praktisches Denken gefragt, weil zur Haltung mehr als reine Begeisterung gehört. Ein kompetenter Ansprechpartner in Ihrer Nähe ist Gold wert.

Schafe vom Züchter

Die für Anfänger vorteilhafteste Bezugsquelle für Schafe ist ein kompetenter Züchter aus Ihrer Region. Deshalb empfiehlt es sich, zunächst von der beeindruckenden Rassenvielfalt abzusehen. Es wird Ihnen nicht viel nutzen, wenn Sie sich für eine ganz bestimmte Rasse begeistern, aber dazu keinen erfahrenen Ansprechpartner finden.
Die Schafe von einem Züchter aus Ihrer Umgebung zu holen, bietet eine Menge Vorteile: Der Profi kennt nicht nur die Rasse sehr gut, sondern auch „seine Schäfchen". Er kann Ihnen folglich explizite Tipps geben und Ihnen bei Bedarf helfen – auch dann, wenn Sie die Tiere schon bei sich halten. Außerdem können Sie über ihn Adressen von geeigneten Tierärzten sowie Fachleuten bekommen, die die Schur und den Klauenschnitt vornehmen.

» *Wir haben einen super patenten Züchter in unserer Nähe. Der hat uns alles gezeigt. Unsere Schafe sind kerngesund und zutraulich. Wenn wir Fragen haben, können wir immer auf ihn zukommen.*

Yvonne

Möchten Sie Ihre Herde aufstocken, haben Sie ebenfalls jemanden zur Hand, der passende Pendants für Ihre Vierbeiner besitzt. Dasselbe gilt, wenn Sie einmal in die unangenehme Situation kommen sollten, Tiere abgeben zu müssen. Zudem kann Ihnen der Profi bestimmte Dinge und Handhabungen in der Praxis zeigen.

Schafe von Privathaltern

Häufig werden einzelne Tiere oder kleine Schafgruppen von Privatleuten zum Kauf angeboten. Schauen Sie sich die Anzeigen genau an und haken Sie nach, was genau dahintersteckt. Ein kompetenter Halter wird Ihnen Ihre Fragen beantworten und von sich aus grundlegende Informationen zu den Tieren liefern. Achten Sie darauf, dass die relevanten Dinge wie Alter, Impfungen und Ähnliches zur Sprache kommen. Es hilft Ihnen nicht besonders, zu wissen wie verschmust und lustig ein Schaf ist, wenn der Verkäufer keine Ahnung hat, wann die letzte Entwurmung stattgefunden hat oder ob das Tier krankheitsfrei ist.
Der Vorteil kleiner Schafgruppen aus privater Hand liegt darin, dass sie meist schon sehr aufgeschlossen gegenüber Menschen sind. Doch auch Schafe aus einer großen Herde können mit etwas Einfühlungsvermögen schnell zutraulich werden. Zudem macht

ein seriöser Halter, der sich viel mit seinen Tieren beschäftigt hat, eher gerne genauere Angaben zu ihren individuellen Charakteren und Zuständen als ein Züchter mit einer riesigen Herde.
Dem gegenüber stehen die Nachteile, dass Sie sich eventuell selbst oder über einen Schäfer um den Kontakt zum Tierarzt und Scherer sowie um Bezugsquellen für Einstreu und Futter kümmern müssen.
Ziehen Sie den Kauf von Schafen aus privater Haltung in Erwägung, sollten Sie zum „Besuchstermin" einen Fachmann mitnehmen, der die Tiere und deren Zustand beurteilen kann.

Ansprechpartner finden

Beim Schafzuchtverband können Sie die Adressen von Züchtern aus Ihrer Region in Erfahrung bringen. Der Besuch von Veranstaltungen, auf denen die Tiere ausgestellt werden, lohnt sich ebenfalls. Dort können Sie sich ein Bild von den Schafen machen und im persönlichen Gespräch mit den Profis mehr über die Vierbeiner, ihre Eigenschaften und deren Haltungsform in Erfahrung bringen. Sie können auch eine Annonce aufgeben oder im Internet nach „Schafanbietern" suchen.
Wer wenig Erfahrung und keinen Fachkundigen zur Seite hat, der ihn berät, sollte unbedingt das Gespräch mit verschiedenen Züchtern suchen, um Vergleiche ziehen zu können. Dies gilt auch, wenn Sie Vierbeiner aus privater Haltung holen möchten, damit Sie auf keinen Fall an ein „schwarzes Schaf" unter den Anbietern geraten.

Starthilfe von Profihand: Wer Schafe von einem kompetenten Züchter aus der Region holt, fährt am sichersten.

Umzug ins neue Zuhause

Die Freude auf die Vierbeiner ist riesig groß. Und weil sie natürlich auf gar keinen Fall getrübt werden soll, ist es sinnvoll, die ganze Umzugsaktion möglichst mit viel Zeit und ohne Stress zu planen.

Der ideale Zeitpunkt

Am besten holen Sie Ihre Vierbeiner ein, zwei Wochen nach der Schur ab. Die meisten Schafe werden im Frühjahr geschoren, bevor es aus dem Winterstall auf die Weide geht, einige zusätzlich noch einmal im Herbst.
Die Vierbeiner zu diesem Zeitpunkt zu holen, hat nicht nur den Vorteil, dass Sie erst einmal ein ganzes Weilchen Zeit haben, bevor der Scherer wieder anrücken muss – wodurch unnötiger Stress für Sie und die wolligen Wiesenbewohner vermieden wird. Die Tiere sind nach der Schur sauber. Zudem können Sie ihren Zustand besser beurteilen und dank der neu gewonnenen „Schlankheit" passen auf diese Weise mehr Tiere in den Transporter. Sie selbst können geschorene Schafe besser handhaben, weil sie leichter sind. Außerdem fühlen sich viele Schafe nach der Schur besonders wohl, weil ihre Bewegungsfreiheit größer ist und sich weniger Parasiten in ihrem Vlies festsetzen können. Ein weiterer großer Vorteil der Abholung nach der Schur im Frühjahr ist, dass Sie die Tiere auf die Weide lassen können und wenn überhaupt, nur noch wenig zufüttern müssen.

Am besten holen Sie die Schafe im Frühjahr, kurz nach der Schur.

Der große Tag

Haben Sie sich für ein Pärchen oder eine Gruppe von Schafen entschieden, geht es an die Umzugsplanung. Natürlich müssen am „großen Tag" bereits alle wichtigen Voraussetzungen für die Haltung erfüllt sein: Stall, Weide, Einstreu, Futter, Wasser und so weiter. Am besten machen Sie sich eine Liste aller relevanten Dinge, die Sie von einem erfahrenen Halter kontrollieren lassen. Ist alles Wichtige vorhanden, kann der Umzugstermin festgelegt werden.
Beim Transport der Schafe gilt: Je weniger Stress die Tiere haben, desto besser. Folglich

Ausgesucht! Das kleine Lamm kommt mitsamt Schafmama und einer kleinen Herde mit.

sollten Sie genügend Zeit für alles einkalkulieren und selbst entspannt sein. Bedenken Sie auch, dass sich aus unterschiedlichsten Gründen zeitliche Verzögerungen ergeben können. Deshalb empfiehlt es sich, einen ganzen Tag für die Abholung einzuplanen. Des Weiteren spielt das Wetter eine große Rolle. Übermäßiger Sonnenschein und sich schnell aufheizende Transportmittel sollten unbedingt vermieden werden.

Fahrt ins Grüne

Für kurze Strecken können gesicherte Autoanhänger mit Aufbau verwendet werden. Über längere Strecken, vor allem, wenn Sie die Autobahn nehmen müssen, transportieren Sie die Vierbeiner besser in Viehanhängern, beispielsweise für Pferde. Solche können Sie mieten. Kleine Tiere können auch in Hundeboxen auf Reisen gehen. Falls die Fahrt sehr lang wird, planen Sie unbedingt Pausen ein, in denen Sie den Schafen Wasser zur Verfügung stellen.
Als Herdentiere fühlen sich Schafe und in vertrauter Gesellschaft am wohlsten, deshalb sollten Sie alle zusammen in ihr neues Zuhause bringen. Möchten Sie so viele Tiere holen, dass sie nicht gemeinsam in den Anhänger passen, dann transportieren Sie die Schafe in möglichst gleich großen Gruppen, damit kein einzelnes dem Stress ausgesetzt werden muss. Falls Sie selbst kein geeignetes Transportmittel besitzen, können Sie einen Anhänger leihen. Sprechen Sie mit dem Züchter, bevor Sie eine Vermietung kontaktieren. Möglicherweise kann er ihnen einen Anhänger zur Verfügung stellen oder die Tiere sogar bringen.

Willkommen bei uns

Im Idealfall können Sie die Schafe direkt aus dem Transporter auf ihre neue Weide lassen. Wenn nicht, sollten Sie sich vom Züchter zeigen lassen, wie man ein Schaf sicher trägt. Da die Tiere je nach Rasse und Alter ziemlich schwer sein können und nervöse Schafe nicht leicht in Zaum zu halten sind, sollten Sie hierfür unbedingt starke Helfer zur Hand haben. Sind die Vierbeiner in ihrem neuen Areal angekommen, lassen Sie sie erst einmal alles in Ruhe inspizieren. Schafe sind Fluchttiere, die vor allem in ungewohnter Umgebung und unter Stress nervös werden. Wenn Sie Kinder haben, sollten auch sie erst einmal Abstand zu den Tieren halten.
Wer einem ohnehin angespannten Schaf auch noch hinterherrennt, versetzt es schnell in Panik. So ein negativer Ersteindruck sorgt nicht nur dafür, dass Ihre Vierbeiner von Beginn an skeptisch sind, sondern kann auch gefährlich sein. Fühlt sich ein Schaf bedrängt, können die Gegenwehr oder ein hektischer Fluchtversuch, bei dem man angerempelt wird, ziemlich schmerzhaft ausfallen.
Bleiben Sie einfach in der Nähe und beobachten Sie die Tiere. Sobald Ihre Vierbeiner ihr neues Zuhause unter die Lupe genommen haben, können Sie ihnen Leckereien anbieten. Lassen Sie die Schafe immer auf sich zukommen. Mit ein wenig Geduld, werden die Tiere schnell ein positives Verhältnis zu Ihnen entwickeln.

Weil Schafe hitzeempfindlich sind, bieten sich Schlechtwettertage für den Transport an.

Ein ruhiges Verhalten und das Anbieten von leckerem Futter sorgen für eine schnelle Eingewöhnung.

Eingewöhnungsphase

Es ist wichtig, dass Sie auch nach der Schafabholung genügend Zeit einplanen, sich mit den Tieren anzufreunden und sich auf alles einzuspielen. Eine Abholung, nach der Sie sich erst einmal vertreten lassen, weil Sie in den Urlaub fahren, macht natürlich keinen Sinn.
Idealerweise nehmen Sie sich ein paar Tage frei, in denen Sie sich ganz entspannt mit Ihren neuen Wiesenbewohnern beschäftigen können. Wer Kinder hat, legt den Abholungstermin am besten auf den Beginn der Oster- oder Pfingstferien. Je nachdem, wie das Frühjahr verläuft, wird die Schur etwas früher oder später im Jahr stattfinden.
In den ersten Tagen ist eine Kontrolle von Stall- und Weideausstattung besonders wichtig. Möglicherweise entdecken die Schafe Schwachstellen, die Ihnen vor ihrem Einzug noch nicht aufgefallen sind. Falls Sie versehentlich lose Maschen im Zaun übersehen haben, der Wassertrog von den Tieren umgekippt wird oder Ähnliches, sollten Sie dies gleich zu Beginn erkennen und korrigieren können.

Ausstattung und Areale

Genügend Grünfläche mit saftiger Pflanzenvielfalt, ein geschützter Rückzugsort und eine sichere Einzäunung gehören zur Basisausstattung für die Hobbyhaltung von Schafen.

»
So viel Ausstattung braucht man gar nicht. Wir haben einen bereits bestehenden Unterstand umfunktioniert. Das ging ganz fix.

Willi

Weide für die Grundnahrung

Ob Sie Schafe im Garten oder auf einer Weide halten wollen: In jedem Fall benötigen die Vierbeiner ausreichend Grünfläche mit passendem Bewuchs. Je nach Gruppengröße und Haltungsform kommen unterschiedliche Möglichkeiten in Frage.

Schafe werden nicht umsonst als „lebende Rasenmäher“ bezeichnet. Große Rassen vertilgen bis zu 12 Kilogramm Grünzeug am Tag.

Reine Weidehaltung

Wollen Sie Ihre Vierbeiner in der warmen Jahreszeit einfach weiden lassen, sollten Sie pro Tier mindestens 1.000, besser jedoch 1.500 Quadratmeter Weidefläche veranschlagen. Kurz: Ein Areal, das in etwa der Größe eines Fußballfeldes entspricht. Tümpel und ähnliche Nassflächen sind Risikozonen, in denen Krankheitserreger lauern, und sollten unbedingt sicher umzäunt werden. Besser ist es natürlich, wenn sie gar nicht erst auf der Weide vorkommen.
Die reine Weidehaltung entbindet Sie übrigens nicht von der täglichen Versorgung der Tiere. Die Gabe von frischem, sauberem Wasser muss gewährleistet sein, die Einzäunung kontrolliert werden und nicht zuletzt sollten Sie sich vergewissern, dass Ihre Schafe fit und munter sind. Schafe mögen genau wie Ziegen eine abwechslungsreiche Grünnahrung. Gräser, Kräuter und Leguminosen sollten auf jeden Fall vorhanden sein. Auf mageren Standorten findet sich immer eine artenreichere Pflanzenmischung als auf sehr nährstoffreichen Böden.

Damit Sie Ihre Tiere nicht versehentlich auf Grünflächen mit Giftpflanzen weiden lassen, ziehen Sie lieber einen Profi zurate, der den geplanten Weidestandort beurteilen kann.

Die Höhe macht's. Dieser Bewuchs ist schmackhaft und nährreich.

Weidepflege für dauerhaften Grüngenuss

Eine Pflanzenhöhe von zehn bis fünfzehn Zentimetern bietet die beste Grundlage für schmackhaftes und nährreiches Wiesenfutter. Ist der Bewuchs zu niedrig, sind entsprechend viele junge Pflanzen(teile) vorhanden. Diese werden zwar gerne gefressen, enthalten aber einen hohen Proteinanteil, der sich negativ auf die Verdauung auswirken kann, da Wiederkäuer auf eine genügend hohe Zufuhr von Raufutter angewiesen sind.
Ein zu hoher Bewuchs führt dazu, dass die Tiere mit dem Abweiden nicht nachkommen und zudem sehr selektiv fressen. Die Konsequenz ist, dass viele weniger beliebte Pflanzen die Samenreife erreichen, sich verbreiten und das bevorzugte Grün verdrängen.

Um eine ausgewogene Pflanzenmischung aufrechtzuerhalten und ein gleichmäßiges Abfressen zu fördern, ist es sinnvoll, die Weideflächen regelmäßig zu Mähen.

Ein gesundes Bodenklima können Sie durch den sogenannten Mulchschnitt fördern. Hierbei wird das Gras auf eine gleichmäßige Höhe gekürzt und auf der Weidefläche verteilt, wodurch die Pflanzennährstoffe in den Boden zurückkehren können. Zu häufig sollten Sie diese Bearbeitung aber nicht durchführen, da sonst ein Rasenfilz entsteht, der Wasser und Nährstoffe bindet, wodurch das Wurzelwachstum gehemmt wird.

Haltung in kleinerem Rahmen

Wenn Sie Ihre Schafe zusätzlich füttern, kommen Sie schon mit weit geringeren Flächen aus. Zu klein sollten Sie das grüne Areal aber nicht anlegen, weil der Boden sonst karg werden oder verschlammen kann. Bei ordentlicher Zufütterung können zwei Schafe schon auf rund 100 Quadratmetern zufrieden sein.
Zwar lassen sich die kleinen Wiederkäuer durchaus mit Heu, Pellets und weiterem auch im Sommer versorgen, doch frisches Grünfutter ist allemal natürlicher und günstiger. Deshalb lohnt sich der Aufwand, Wiesenschnitt zu gewinnen und zu verfüttern, wofür entsprechende Flächen zur Verfügung stehen sollten.

Weideflächen kaufen oder pachten

Wer selbst kein Wiesengrundstück besitzt, kann Weideflächen kaufen oder pachten. Vor allem in Gemeindeblättern finden sich oft Anzeigen mit entsprechenden Angeboten, aber auch die direkte Ansprache von Landwirten kann weiterhelfen. Immer häufiger werden über das Internet entsprechende Flächen angeboten. Auf vielen Seiten können Sie selbst kostenlos Ihr Inserat aufgeben, sogar einige Makler sind auf die Vermittlung landwirtschaftlicher Flächen spezialisiert und können Sie diesbezüglich beraten.
Damit Sie sich bei Verhandlungen auf der sicheren Seite befinden, lohnt es sich, die aktuellen Pacht- und Kaufpreise landwirtschaftlicher Flächen im Internet abzurufen. Die Preise schwanken je nach Region, Zugänglichkeit, Lage und Ausstattung der Weiden.

Auf der Seite www.agrar.de finden Sie unter der Rubrik „Pachtspiegel" die aktuellen Pacht- und Kaufpreise für landwirtschaftliche Grundstücke.

»

Wenn wir keine so große Wiese hätten, müssten wir den Schafen halt viel mehr Heu geben. Das fressen die auch gern. Und Papa kann ja Ballen gut tragen.

Anna

Ist der Weidebewuchs noch jung, gleicht Heu die Raufutteraufnahme aus.

Standfest oder umtriebig

Neben einer passenden Pflanzenmischung und guter Bewuchshöhe gehört Sauberkeit zu einer gesunden Weide. Um Ihren Vierbeinern den Aufenthalt im Grünen angenehm zu gestalten, gibt es für Sie mehrere Weideformen.

Eine Wiesenfläche permanent nutzen

Die für den Halter bequemste Weideform ist die Standweide. Hierbei beweiden die Schafe stets dieselbe Fläche. Vorteile bringt diese Variante allerdings nur für den Menschen: Sie können alles fest installieren, etwa Zaun, Unterstand, Tränke und so weiter und haben einen geringeren Arbeitsaufwand, weil Sie Ihre Tiere und die Ausstattung nicht an einen anderen Standort bringen müssen.
Der Nachteil dieses Verfahrens ist, dass der Kot stets auf dieselbe Fläche ausfällt. Dadurch können sich Bakterien und Parasiten schneller verbreiten. Um Letzterem entgegenzuwirken, sollten Standweiden sehr großzügig bemessen sein.
Natürlich ist auch die Entfernung des Kots eine vorbeugende Maßnahme. Dies wird ganz besonders für Hobbyhalter in Frage kommen, die ihre Tiere auf kleinerer Fläche halten und sich ohnehin viel mit ihnen beschäftigen.

Von Weide zu Weide

Wenn Sie Ihre Tiere regelmäßig von einem Standort zum nächsten bringen, spricht man von einer Umtriebsweide. Diese, für Sie als Halter aufwendigere Form, bringt viele Vorteile mit sich. Der Parasitendruck ist geringer als auf einer Standweide und der Bewuchs wird bei richtiger Bemessung einheitlicher abgefressen. Je kleiner die Weiden, desto eher müssen die Tiere auf die nächste Grünfläche gebracht werden.
Ideal ist es, wenn die einzelnen Weideflächen sechs bis acht Wochen ruhen können, bevor Sie die Tiere wieder dorthin bringen. Dann kann der Kot zersetzt werden und die Pflanzen haben genügend Zeit nachzuwachsen.

Gezielte Führung für lebende Rasenmäher

Die Portionsweideführung ist die zeit- und arbeitsinensivste Form, die für viele Hobbyhalter sicherlich nicht in Frage kommt. Hierbei wird ein- bis zweimal am Tag ein neues, kleines Weideareal abgegrenzt, meist durch das Versetzen von Elektrozäunen. Die Tiere werden also sehr gezielt dorthin geführt, wo sie fressen sollen.
Wer diese Mühe nicht scheut, tut seinen Schafen und der Weidefläche gut: Der Parasitendruck ist äußerst niedrig, die Vierbeiner finden täglich frische Grünflächen vor und diese werden sehr einheitlich abgefressen.

Weide wie's beliebt

Natürlich müssen die einzelnen Beschreibungen der Weideformen nicht strikt verfolgt wer-

Mit tragbaren Zäunen können Sie Ihren Schafen immer wieder neue Weideareale zur Verfügung stellen.

Elektrozäune lassen sich leicht versetzen. Allerdings sind Schafe mit dickem Vlies sehr stromresistent.

den. Viele Halter wählen abweichende oder kombinierte Lösungen. Manche Schaffans unterteilen eine Weidefläche in kleinere Koppeln, wobei die Tiere von jeder dieser Flächen Zugang zu einem Areal haben, wo Tränke, Futterraufe und Unterstand fest installiert sind. Wofür Sie sich entscheiden, hängt ganz davon ab, wie viel Fläche und Zeit sie zur Verfügung haben und wie viel Sie investieren wollen.
Für die Haltung im kleinen Rahmen kann es eine gute Lösung sein, die Tiere zumindest alle sechs bis acht Wochen zwischen zwei Weideflächen wechseln zu lassen, damit der Parasitendruck niedrig bleibt.

Mähmäuler in Zaum halten

Damit Ihre Lieblinge nicht ausbüxen und – noch wichtiger – keine unbeliebten Gäste wie streunende Hunde zu den Schafen gelangen, brauchen sie eine sichere Einzäunung. Für welche Zaunart Sie sich entscheiden, hängt von Ihren Wünschen und der angestrebten Weideform ab.

Fix verankert und durchbruchsicher

Vor allem, wenn Sie Ihre Tiere auf gleichbleibender Fläche halten wollen, wird eine feste Umzäunung für Sie in Frage kommen. Einmal installiert, muss ein Holz- oder Drahtzaun nur noch auf Schäden kontrolliert werden, die bei standfester Bauweise eher selten sind.

Falls Sie sich für die Drahtvariante entscheiden: Es gibt speziellen Schaf- und Lämmerdraht. Beides sind Knotengitter mit rechteckigen Maschen, die so eng sind, dass die Tiere ihren Kopf nicht hindurch stecken können. Beim Lämmerdraht sind die unteren Maschen besonders klein und werden erst nach oben hin weiter. Beide Varianten erhalten Sie in der passenden Höhe für Ihre Vierbeiner.

Draht muss auf jeden Fall ordentlich gespannt angebracht werden, sonst kann es passieren, dass sich die Tiere darin verheddern. Zur Verankerung können Sie Pfosten aus witterungsbeständigem Holz, Kunststoff (bissfest) oder Metall verwenden. Da Schafe ganz gerne an Holz knabbern, sollte dieses nur in unbehandelter Form verwendet werden.

Reine Holzzäune sehen natürlich ansprechend aus und bieten Raum für verschiedene Gestaltungsmöglichkeiten. Wichtig ist auch hier, dass die Tiere weder den Kopf hindurch stecken noch sich auf andere Weise darin verheddern können.

Dem optischen Vorteil von Holzzäunen steht der Nachteil entgegen, dass sie bei Bedarf schwerer zu versetzen sind als Drahtvarianten. Zäune von einem Meter Höhe und mehr genügen normalerweise bei Schafen. Sollten Sie Ziegen dazu halten, müssen Sie einen halben Meter mehr veranschlagen.

Elektrische Abgrenzung

Transportable Elektrozäune bieten Ihnen zwar sehr viel Flexibilität, eignen sich für Schafe aber leider nur bedingt. Wenn das Vlies dick ist, juckt es Ihre Vierbeiner nämlich recht wenig, wenn sie an den Zaun kommen. Nur an den kurz behaarten Körperstellen, wie Gesicht und Beine, reagieren sie sensibel auf einen Stromschlag. Doch Schafe realisieren schnell, dass sie den Zaun ja nicht mit der Nase berühren müssen, um ihn umzuknicken …

Übrigens kapieren die Vierbeiner auch schnell, wann Strom auf dem Zaun ist und wann nicht. Diese Variante empfiehlt sich also nur, wenn die letzte Schur nicht allzu lange zurückliegt oder in Kombination mit einer anderen Zaunart.

Die Zaunkontrolle sollte täglich durchgeführt und protokolliert werden. Das ist neben der Sicherheit für ihre Vierbeiner auch für den Versicherungsschutz wichtig.

Fest installierte Zäune sehen natürlich besser aus als die elektrische Variante. Drahtzäune lassen sich bei Bedarf leichter umbauen als Holzzäune.

Geschützte Plätze – auch draußen

Nässe und zu starke Sonneneinstrahlung können Ihre kleinen Wiederkäuer gar nicht ab. Deshalb gehört ein wetterfester Unterstand genauso zur Weideausstattung wie eine Tränke und – je nach Haltungsform – auch eine Raufe. Bonusmaterial wie Schubberstellen sorgen für Extra-Luxus.

Unterstände für Vliesträger

Auf Kälte und mäßigen Wind reagieren die meisten Schafrassen wenig empfindlich. Nässe und Hitze dagegen sind für Schafe sehr unangenehm. Deshalb ist es wichtig, dass die Vierbeiner einen entsprechend geschützten Rückzugsort auf der Weide vorfinden.

Schafe sind eher hitze- als kälteempfindlich. Sogar die Kleinsten trotzen dem schlechten Wetter.

Halten Sie die Tiere nicht ohnehin so, dass sie ständig Zugang zum Stall und Schattenplätzchen haben, ist ein Unterstand unerlässlich. Die Konstruktionsmöglichkeiten sind vielfältig. Manche Halter stellen einen Anhänger auf der Weide ab, andere verwenden selbstgebaute Konstruktionen, Kälberiglus oder – die Luxusvariante – ausgediente Bauwagen. Natürlich kann auch ein bereits bestehendes Gebäude, etwa eine Gartenlaube, zweckdienlich umgestaltet werden.
Bei Unterständen ist es wichtig, dass sie zumindest von zwei Seiten geschlossen sind, alle Tiere in ihnen Schutz finden können und die Luftzirkulation gewährleistet ist. Der Boden sollte geschlossen sein und trocken bleiben, da Nässe die Klauen schädigen kann. Robuste Schafrassen, beispielsweise Skudden, können ganzjährig draußen bleiben, ohne im Winter einen geschlossenen Stall zu brauchen.

Futterraufen im Freien

Bei genügend frischem Wiesengrün während der Vegetationsperiode ist eine Zugabe von Heu nicht nötig – allerdings auch nicht schädlich. Viele Schafhalter stellen ihren Tieren das ganze Jahr über Heu zur Verfügung, da hierdurch die Aufnahme von Raufutter gewährleistet wird. Neben diesem Grund macht eine Raufe auf der Weide auch deshalb Sinn, weil

Die kleine Herde kann vom Stall direkt auf die Weide. So ist keine zusätzliche Futterraufe nötig.

die Tiere im Frühjahr und Herbst langsam von frischem Weidefutter auf Heu – und andersherum – umgestellt werden müssen.
Die Futterraufe auf der Weide kann im Unterstand integriert werden. Steht sie frei, sollte sie unbedingt großzügig überdacht sein, damit auch Schlagregen das Heu nicht durchnässen kann. Feuchtes Heu schimmelt leicht und kann sich zudem unter bestimmten Bedingungen entzünden.

Um die Aufnahme von Mineralien und Spurenelementen zu gewährleisten, sollte auch auf der Weide ein entsprechender Leckstein oder Leckmasse angeboten werden.

Allzeit frisches Nass

Frisches Wasser muss den Tieren immer geboten werden. Ein Gewässer ist hierfür ungeeignet, da sich dort gefährliche Parasiten und Krankheitserreger befinden. Fällt ein Schaf mit dichtem Vlies ins Wasser, saugt sich die Wolle voll und es wird so schwer, dass die Gefahr des Ertrinkens besteht. Am besten ist es also, wenn Schafe generell keinen Zugang zu Gewässern haben.
Je nachdem, in welcher Entfernung sich die Weide zum nächsten Wasseranschluss befindet, können für die Tränke unterschiedliche Möglichkeiten in Frage kommen. Halten Sie die Tiere in Hausnähe, können Sie ihnen das Wasser in Eimern bringen oder Tröge via Wasserschlauch befüllen. Bei Weiden in entfernte-

Für kleine Schafgruppen genügt schon ein Eimer als Tränke.

rer Lage bieten sich Wassertanks für den Transport an. Die bequemste Variante dieser Versorgung mit klarem Nass ist es, wenn Sie den Tank auf einem Anhänger zur Weide bringen und beides dort stehen lassen können. Für die direkte Überbrückung von größeren Distanzen – auf dem eigenen Grundstück – gibt es im Fachhandel Wasserleitsysteme. Die Leitungen können individuell verlegt und durch einfache Drehmechanismen miteinander verbunden werden. Sie sind durchaus erschwinglich, auch für die Warmwasserzufuhr erhältlich und können bequem angepasst werden.

Extra Luxus für wollige Vierbeiner

So ein dichtes Vlies ist ja toll, aber leider auch ein behaglicher Ort für Ungeziefer. Damit sich Ihre Vierbeiner der ungebetenen Mitbewohner und Schmutz entledigen können, sind Schubber-Stellen eine klasse Sache.
Sie können hierfür standfeste Rahmenkonstruktionen aus Holz anbieten oder einen am besten berindeten oder kantigen Pfahl in die Erde schlagen. Wichtig ist, dass sich die Tiere weder daran verletzen noch darin verheddern können. Ansonsten sind Ihrer Fantasie keine Grenzen gesetzt: Ob ein eingegrabenes Wagenrad, mit Bürsten bestückte „Kunstwerke" oder ganz einfach die Stallwand selbst diesen Zweck erfüllt, spielt für die Schafe keine Rolle. Hauptsache schubbertauglich.
Ein Sandbad wird meist genauso gerne von den Schafen in Anspruch genommen wie die Schubberstellen und erfüllt denselben Zweck. Ob Sie eine Kuhle anlegen, die Sie befüllen, eine ehemalige niedrige Grillstelle umfunktionieren oder einen Kasten aufstellen, bleibt Ihnen überlassen.
Einige Schafrassen klettern gerne. Um diesem Verhalten entgegenzukommen, können Sie ihnen einen kleinen Hügel aus trittfestem Stein oder ganz einfach einen Baumstamm anbieten.
Obwohl Schafe nicht ganz so verrückt nach Zweigen und Ästen sind wie Ziegen, finden auch sie solche Abwechslung toll. Ihrem natürlichen Fressverhalten kommt es am nächsten, wenn Sie die Zweige in erreichbarer Höhe aufhängen.

Bäume auf der Weide bieten ideale Schubber-Möglichkeiten.

Stallbau und Ausstattung

Besonders in der vegetationsfreien Zeit des Jahres verbringen die meisten Schafrassen auch bei ständigem Zugang ins Freie viel Zeit im Stall. Ihre Schützlinge sollen es bequem haben und die Versorgung sollte geschickt zu handhaben sein.

Schafe mögen geräumige, luftige und wetterfeste Ställe.

Ideal: ein solides, überstehendes Dach mit Regenrinne.

Überlappend und vertikal angebrachte Bretter schützen vor Zugluft und leiten Regenwasser besser ab.

Die Lage checken

Bevor Sie sich kreativ austoben und in den Bau eines tollen Stalls stürzen, empfiehlt es sich, erst einmal die Umgebung und Ihre Pläne für die Zukunft zu analysieren. Der schönste Stall nützt Ihnen wenig, wenn er zu klein ist, schlecht erreichbar oder in seiner Funktion nicht stimmig.

Der ideale Platz für einen Schafstall liegt im Schatten, beispielsweise unter einem großen Baum oder an einem Ort, der vor starker Sonneneinstrahlung geschützt ist. Er ist leicht zugänglich und im besten Fall auch mit einem Fahrzeug zu erreichen. Wenn ausgemistet werden muss, kann es lästig sein, den Stallinhalt über lange Strecken mit der Schubkarre oder gar in Eimern tragen zu müssen.

Der Boden unter dem Stall sollte möglichst eben und trocken sein. Wer bei schlechtem Wetter nicht durch Schlamm waten will, sollte Steinplatten vor dem Stallzugang einplanen. Richtig komfortabel wird dies, wenn Sie eine Tür integrieren, die lediglich Ihrem Zugang zum Stall dient, das heißt: die den Schaf- und Außenbereich miteinander verbindet.

Größe und Ausrichtung

Überlegen Sie sich, wo Sie Futter, Einstreu und weiteres Material lagern möchten. Haben Sie alles unter einem Dach, wird die Versorgung der Schafe kinderleicht. Ziehen Sie in Erwägung Ihre Herde zu erweitern, sollten Sie den Stall von Beginn an entsprechend groß konzipieren, oder zumindest so errichten, dass bei Bedarf leicht angebaut werden kann. Hier gilt: Zu viel Platz können Sie Ihren Tieren kaum bieten.

Wichtig ist zudem, welche Art von Herdenerweiterung Sie planen. Wollen Sie Schafnachwuchs oder gar einen Bock, konzipieren Sie den Stall am besten so, dass ein Stallabteil abgetrennt werden kann.

Die Jahreszeiten und Witterung spielen ebenfalls eine große Rolle. Im Sommer darf sich der Stall nicht zu sehr erhitzen, im Winter sollte er Schutz vor Nässe und starkem Wind bieten. Für Ihre Vierbeiner ist es toll, wenn sie

Schafe mögen Licht, aber keine pralle Sonne. Entsprechend sollte der Stall ausgerichtet sein.

zur heißen Jahreszeit schattige Plätzchen finden, im Winter, wenn die Tage kurz sind, aber dennoch Licht abbekommen. Folglich empfiehlt es sich, den Stall so zu konzipieren, dass die Tiere Morgensonne haben. Die Wetterseite sollte geschlossen sein.

Grundlagen für sauberes Klima

Schafställe sollten natürlich so ausgelegt sein, dass alle Tiere der Herde genügend Platz in ihnen finden. Rund drei Quadratmeter Bodenfläche pro Schaf sind ein guter Richtwert. Damit die Luftzirkulation stimmt und Sie sich auch bei hoher Einstreu noch gut bewegen können, ist eine entsprechende Deckenhöhe vorteilhaft.
Für eine Belüftung ohne Zugluft sorgen Öffnungen im oberen Bereich der Stallwände. Dies können Luftschlitze unter dem Dach sein, genau wie Fenster, die kipp- oder drehbar sind. Für robuste Rassen genügt bereits ein windgeschützter Offenstall, sofern die Gruppe groß genug ist, dass sich die Tiere durch das Kuscheln aneinander gegenseitig wärmen können. Ein trittfester, wasserdichter und leicht zu reinigender Stallboden trägt zur Sauberkeit bei. Am besten eignet sich hierfür Beton.

Allgemeines zum Stallbau

Natürlich sind ungefährliche Baumaterialen eine wichtige Voraussetzung. Schafe nagen vor allem Holz gerne an, weshalb Sie auf Lacke und ähnliche schädliche Behandlungsmittel verzichten sollten.
Bedenken Sie bei der Stallplanung stets die Einstreu, die hoch sein kann. Einige Schafhalter lassen die Mistmatratze (siehe Seite 65) bis zu einem Meter anwachsen. Allerdings ist ihre Entfernung dann von Hand kaum noch zu bewältigen. Deshalb planen Hobbyhalter, die auf maschinellen Einsatz verzichten wollen, besser eine geringere Höhe von 30 Zentimetern ein. Futterraufen, Tränken und Ähnliches dürfen nicht von der Einstreu überwuchert werden. Außerdem müssen sich die Türen gut öffnen lassen und sollten entsprechend erhöht angebracht werden.
Wer sich kreativ austoben will und den Stall eigenständig bauen möchte, hat viele Optionen. Für Holzställe verwendet man als Grundgerüst am besten stabile Vierkanthölzer von universaler Breite. Damit verringern Sie den Materialverlust. Bretter, die vertikal angebracht werden, lassen Regen besser ablaufen und den Stall höher wirken. Durch sich überlappende Bretter verringern Sie die Zugluftgefahr, denn: Holz ist ein lebendiger Baustoff, der sich dehnt und zusammenzieht.
Zwischen allen Bauteilen, die für die Tiere erreichbar sind, muss entweder so wenig Platz sein, dass sie den Kopf nicht hindurch stecken können oder so viel, dass sie ihn auf jeden Fall problemlos zurückziehen können. Ohren und Hörner können nämlich im „Rückwärtsgang“ plötzlich ganz andere Dimensionen annehmen.

Die Zugänge für Sie und für die Tiere befinden sich idealerweise gegenüber der abfallenden Dachseite. Damit müssen Sie bei Schlechtwetter keinen Regenschleier passieren. Die geschlossenen Stallseiten richten Sie am besten zur Wetterseite aus, ihr entgegen die Öffnungen.

Wer ein Gartenhaus besitzt, das groß genug ist, hat's leicht und kann es zum Stall umfunktionieren.

Vor allem im unteren Bereich sollte der Stall vor Zugluft geschützt sein.

Sonnige Aussichten und kühle Plätzchen

Schafe benötigen Tageslicht, um sich wohl zu fühlen. Sie können Fenster in den Stall integrieren, was neben der Lichtzufuhr den Vorteil bringt, dass Sie diese nach Bedarf öffnen können. Manche Halter verwenden lichtdurchlässige Materialien wie Kunststoffe oder Folien. Letztere sollten durch ein zusätzliches Drahtgitter vor Bissen geschützt werden, sofern die Schafe sie erreichen können.
Das Dach muss in jedem Fall Niederschlag und Sonnenstrahlen abhalten. Besonders zu große Hitze macht Schafen zu schaffen. Falls Sie befürchten, dass der Stall an Sommertagen nicht kühl genug bleibt, können Sie das Dach soweit überstehen lassen, dass die Tiere im Freien einen Schattenplatz finden. Bedenken Sie dabei, dass sich der Sonnenstand über den Tag ändert. Am besten sind also Schattenplätzchen an der nordöstlichen Stallseite.

Behagliche Stalleinrichtung

Ein solides Dach auf wetterfesten Wänden ist der Grundrahmen. Nun geht es ans Interieur für Ihre Vierbeiner. Eine gute Konzeption sorgt für Sicherheit und Komfort – für Mensch und Tier.

Raum für bequeme Fütterung

Bevor Sie sich daran machen, den Raum für die Schafe zu konzipieren, denken Sie erst einmal an sich. Richtig gelesen. An dieser Stelle erweist sich Egoismus als durchaus vorteilhaft für die Zukunft: Wo wollen Sie Einstreu und Futter lagern? Haben Sie Tiere und Lager unter einem Dach, erleichtert das die Versorgung Ihrer Vierbeiner immens. Ideal ist es, wenn Sie die Futterraufe von der Lagerseite füllen und die Tiere auf der anderen Seite fressen können.

Futterraufen geschickt konzipiert

Eine Futterraufe gehört in jeden Ziegenstall. Im Handel gibt es Modelle zu kaufen, die von einfachen, kleinen Varianten zur Befestigung an der Wand (ähnlich denen für Kaninchen) bis hin zu hochkarätigen Modellen im vierstelligen Kostensektor reichen. Die schönste und häufig praktischste Lösung sind Modelle Marke Eigenbau. Sie können exakt auf den Stall und die Tierzahl ausgerichtet werden. Ob Sie für die Futterraufe Draht oder Holz verwenden möchten, bleibt Ihnen überlassen. Wichtig ist, dass die Tiere nicht darin hängenbleiben und nicht zu viel Heu auf einmal herausziehen können. Ein Abstand von fünf bis sieben Zentimetern ist eine gute Lösung. Bei vertikal verlaufenden Streben und Raufen, die sich nach unten hin verjüngen, rutscht das Heu besser nach.

Pro Tier sollten mindesten vierzig Zentimeter Futterplatz bemessen sein, damit auch rangniedere Schafe genügend Nahrung abbekommen, wenn alle gleichzeitig fressen. Um Futterverluste zu vermeiden, bringen Sie unter der Raufe am besten einen Trog an, in dem sich kleine Bestandteile und fallen gelassenes Heu sammeln.

Tränken, Tröge und Mineralversorgung

Schafe benötigen immer freien Zugang zu frischem Wasser. Bei kleinen Gruppen kann hierfür ein standfester Eimer genügen, der entweder in der Einstreu steht oder an der Wand befestigt wird. Durch letztere Methode bleibt das klare Nass sauberer.

Größere Schafgruppen lassen sich über entsprechende Tröge mit Wasser versorgen. Eine kostspielige, aber praktische Methode sind Tränken, in denen Wasser nachläuft, sobald etwas abgetrunken wurde. Tränkebecken, in die erst durch Druckkontakt Wasser fließt, wie sie meist in Kuhställen verwendet werden, eignen sich für Schafe überhaupt nicht, weil sie an ihnen nicht genügend Flüssigkeit aufnehmen können.

Tröge für die Verabreichung von weiteren Futtermitteln sind vor allem dann sinnvoll,

Marke Eigenbau: bei Futterraufen das beste Konzept, weil alles auf die Tiere zugeschnitten ist.

Unter einem Dach: So gelagert, können Sie Futter und Einstreu im Handumdrehen in den Stall befördern.

wenn Sie pulverförmiges oder feuchtes Futter reichen wollen. Beides sollten Sie getrennt geben, da trockene Nahrung sonst verklebt oder schlecht wird. Verfüttern Sie nur kleinere Mengen von Feuchtfutter, können Sie hierfür einfach bissfeste Eimer verwenden.
Die Aufnahme von Mineralien und Spurenelementen ist für die Gesundheit der kleinen Wiederkäuer enorm wichtig. Um sie zu gewährleisten, gibt es Mineralfuttermittel, die meist in Form von Lecksteinen oder Leckschalen angeboten werden. Erstere werden in einer Halterung angebracht, die fest installiert und bei Bedarf neu bestückt wird. Leckschalen sind – wie der Name bereits sagt – Schalen aus Kunststoff, die mit Mineralmasse gefüllt sind. Hier wird einfach der Deckel abgezogen und die Schale den Tieren zur Verfügung gestellt.

Lecksteine und -schalen müssen explizit für Schafe sein. Andere Produkte können Kupfer enthalten, was für die Vierbeiner extrem schädlich ist.

Handfestes für Halter

Damit Ihre Tiere gut versorgt werden können, benötigen nicht nur Ihre Vierbeiner, sondern auch Sie selbst eine ordentliche Ausstattung. Das fängt bei der Kleidung an und geht über Werkzeug und Stallapotheke bis zum Transportgerät.

Bei vielen Arbeiten muss kräftig angepackt werden. „Schafklamotten" und feste Schuhe gehören zur Grundausstattung.

Reinschlüpfen und loslegen

Zur Schafhaltung gehören nicht nur die rein angenehmen Situationen wie das Streicheln der Tiere. Dann und wann muss kräftig zugelangt werden. Regenwetter und matschiger Boden, Ausmisten, Wasser oder Ballen schleppen: Das alles gehört mit zum Programm.
Für die Versorgung Ihrer Vierbeiner sollten Sie also entsprechende Kleidung zu haben, bei der es auf ein paar Flecken nicht ankommt. Festes Schuhwerk, das Schmutzt verträgt, und Arbeitshandschuhe sind ebenfalls sehr sinnvoll.
Vor allem, wenn Sie einen Bock halten, werden Sie mit strengen Düftchen konfrontiert sein. Dann ist es besonders ratsam, die „Schafkleidung" separat von anderer Wäsche aufzubewahren und zu waschen, weil sich der markante Geruch sonst schnell in allem festsetzt.

Von Apotheke bis Zange

Mistgabel, Besen, Schaufel, ein Taschenmesser und Werkzeuge sollten auf keinen Fall in Ihrer Ausrüstung fehlen, genauso wie Eimer, Körbe und eine Schubkarre. Sie müssen Futter und eventuell Wasser transportieren, die Schnüre der Heu- und Strohballen durchschneiden und ordentlich ausmisten können.
Zangen, Sägen und weiteres Werkzeug ist nicht nur wichtig, um eventuell anfallende Reparaturen an Zaun oder Stall zu bewältigen.

Zur Schafhaltung gehört ordentliches Handwerkszeug. Dieses sollte unbedingt außerhalb des Tierbereichs aufbewahrt werden, damit keine Verletzungsgefahr besteht.

Es kann leider vorkommen, dass sich ein Tier einmal irgendwo verfängt. Dann müssen Sie in der Lage sein, es zu befreien, indem Sie beispielsweise Drahtzaun kappen oder einen Balken zersägen. Damit Sie auch sich selbst bei Verletzungen schnell versorgen können, sollten Sie zumindest das Nötigste hierfür griffbereit haben, sprich Pflaster, Desinfektionsmittel, Verbände und so weiter.

Praktisch ist es, einen Erste-Hilfe-Kasten, wie er für Autos erhältlich ist, im Stall oder in dessen Nähe zu platzieren. Diese Kästen sind nicht besonders teuer, enthalten alles Wichtige und sind leicht zu verstauen.

Mobil und flexibel

Ein Anhänger für den Transport von Ballen, Mist und den Tieren selbst bietet Ihnen sehr viel Komfort. Je nachdem, wo Ihr Schafstall liegt, kann er für den Transport von Wassertanks nötig sein. Auch wenn Sie planen, Ihre Schafe immer wieder auf andere Weideflächen zu bringen, sollten Sie über den Kauf eines solchen Hängers nachdenken.
Können Sie Ihre Vierbeiner ohne ein solches Transportmittel gut versorgen oder kennen Sie jemanden, der Ihnen einen Hänger oder Ähnliches bei Bedarf leiht, ist der Kauf natürlich nicht nötig. Brauchen Sie einen Anhänger nur selten, können Sie auch einen mieten.

Für glückliche Schafe

Sind Stall und Weide geschickt ausgerichtet, gehen Versorgung und Umgang mit den Schafen leicht von der Hand und ohne dass eine stupide Routine entsteht.

» *Klar muss man jeden Tag raus, da freuen wir uns drauf. Für die Kinder ist das klasse, weil sie an der frischen Luft sind und ihnen der Umgang mit den Schafen riesigen Spaß macht.*

Yvonne

Grundfutter von duftenden Wiesen

Ob Sommer oder Winter, Frisch- oder Trockenversion: Schafe benötigen auf jeden Fall eine grüne Basisnahrung. Weide, Wiesenschnitt und Heu sollten deshalb stets nahrhaft und schmackhaft sein.

Dauerfresser und Doppeltkauer

Zwischen sage und schreibe acht bis zehn Stunden am Tag grast ein Schaf auf der Weide. Gute „Rasenmäher" vertilgen dabei je nach Bewuchshöhe bis über zwölf Quadratmeter Wiesengrün. Doch damit es noch nicht getan.
Schafe sind Wiederkäuer, sie zerkleinern die Nahrung zweimal, indem sie die vorverdauten Portionen wieder hochwürgen und erneut durchkauen. Wie Kühe besitzen sie Pansen, Netz-, Blätter- und den Labmagen. Die ersten drei werden als Vormägen bezeichnet, der Labmagen ist in seiner Funktion vergleichbar mit dem Magen anderer Säugetiere – auch unserem.
Durch die drei Vormägen und das Wiederkäuen werden Pflanzenbestandteile, die für die meisten anderen Säugetiere völlig unverdaulich sind, sehr effektiv in verdauliche Form umgewandelt. Dies geschieht durch die

Wie das duftet! Hochwertiges Heu riecht super, ist grünlich und die einzelnen Pflanzenbestandteile sind gut zu erkennen.

mechanische Zerkleinerung sowie durch Mikroorganismen, die in den ersten drei Mägen leben und die Rohfaser zersetzen.
Dieser Verdauungsprozess will Weile haben. Die Zeit, die Schafe mit Wiederkäuen verbringen ist in etwa genauso lang wie die, die sie mit Grasen beschäftigt sind.

Easy going mit dauerhafter Heugabe

Heu muss bei großer Weidefläche und / oder Zufütterung von Wiesenschnitt während der Vegetationsperiode eigentlich nicht verfüttert werden. Solange die Tiere genügend frisches Raufutter aufnehmen, brauchen sie keine zusätzliche Trockenversion davon.
Allerdings können Sie durch die dauerhafte Gabe von Heu gewährleisten, dass Ihre Vierbeiner auf jeden Fall ausreichend Raufutter zur Verfügung haben. Für Anfänger, die sich nicht ganz sicher sind, wie sie die Weide- und Wiesenflächen beurteilen sollen, ist ganzjährige Heufütterung also eine sichere Lösung.

Richtig leckeres Heu

Man kann Heu selbst herstellen. Allerdings ist dies mit großem Aufwand verbunden. Sie benötigen mehr Grünfläche, Schnittzeitpunkt sowie Pflanzenmischung müssen stimmig sein und die Trocknung muss fachgerecht vonstatten gehen, damit der Wiesenschnitt zu sauberem, nahrhaftem Winterfutter wird. Da kleine Heuballen von rund zehn Kilogramm je nach Jahr und Schnitt zwischen zwei und vier Euro kosten, ist es für Halter kleiner Schafgruppen günstiger, die Herstellung dem Profi zu überlassen und das Heu einfach zu kaufen.
Gesundes, leckeres Heu zeichnet sich durch einen angenehmen Duft aus, ist grünlich bis graugrün und die einzelnen Pflanzenteile wie Blätter sind deutlich zu erkennen. Es ist frei von Verunreinigungen, staubt nicht und weist weder feuchte noch andersfarbige Stellen auf. Muffig riechendes Heu ist verdorben, braunes Heu wurde durch die Trocknung zu stark erhitzt und enthält damit nicht mehr genügend Nährstoffe. Achten Sie beim Kauf außerdem darauf, dass das Heu frei von Jakobskreuzkraut (JKK) ist. Diese Pflanze ist giftig für Ihre Vierbeiner.
Für Heu gibt es verschiedene Schnittzeitpunkte. Der erste Schnitt liefert in der Regel das hochwertigste Futter. Der zweite Schnitt ist meist noch von guter Qualität. Fand er allerdings in zu kurzem Abstand zum ersten Schnitt statt, enthält er viele junge Pflanzenteile, die wiederum hohe Mengen an Protein und weniger Ballaststoffe enthalten.

:hafe sind fast ständig mit dem Vertilgen von Grünzeug beschäftigt.
enn sie nicht grasen, käuen sie meist wieder.

Heu kann relativ lange gelagert werden. Deshalb sollten Sie sich rechtzeitig um einen Wintervorrat kümmern, sonst kann es unter Umständen passieren, dass Sie nur noch sehr teures Heu oder solches von minderer Qualität bekommen.
Apropos Lager: Heu sollte stets trocken, eher kühl und so aufbewahrt werden, dass es möglichst viel Luft bekommt. Dies können Sie durch entsprechende Stapelweisen, beispielsweise auf kleinen Balken, gewährleisten oder durch die lose Aufschüttung von Ballen, sofern Sie hierfür genügend Platz zur Verfügung haben.

Klassisch gekappt: Mit der Sense kann das Gras tief geschnitten werden und die Pflanzen bleiben am Stück, ganz so wie es Schafen beliebt.

Frisches von der Flur

Steht Ihren Schafen nur eine begrenzte Weidefläche zur Verfügung, müssen Sie zufüttern. Das geht ganzjährig mit Heu, die Gabe von frischem Wiesengrün ist aber natürlicher, wenngleich arbeitsaufwendiger. Bei kleinen Schafgruppen genügt für die tägliche Gewinnung des frischen Grüns schon eine Sense.
Ob Sie lieber zum Graschneiden die elektrische Version oder den Klassiker verwenden, hängt von Ihren Präferenzen ab. Rasenmäher, die den Bewuchs in kurze Stückchen verwandeln und eher grüne Pampe als bissfeste Pflanzenteile liefern, eignen sich hierfür nicht. Auch das Pflücken von Hand ist keine gute Idee, denn Sie werden richtig ordentliche Portionen benötigen.

Satte Portionen

Ein Schaf frisst bei reiner Weidehaltung je nach Rasse, Zustand und Feuchtigkeit der Pflanzen locker zwischen sechs und zehn Kilogramm Wiesengrün. Halten Sie Ihre Vierbeiner auf einer Fläche, die dieses Angebot nicht bereithält, muss dies ausgeglichen werden. Wie viel Futter ein Schaf aufnimmt, hängt davon ab, wie hoch der Anteil der Trockensubstanz (TS) in der Nahrung ist. Gemessen an seinem Körpergewicht, benötigt es pro Tag etwa zwei bis vier Prozent TS. Ein Schaf von sechzig Kilo nimmt folglich 1,2 bis 2,4 Kilogramm Trockensubstanz auf.
Da frisches Grün viel mehr Feuchtigkeit enthält als Heu, benötigt ein Schaf also weit größere Mengen von ersterem, um satt zu werden. Zum Vergleich: Gras hat einen TS-Anteil von plus minus 16 Prozent, Heu dagegen von über 85 Prozent. Deshalb genügt bei der Fütterung von Heu etwa ein Sechstel der Menge (in kg) als vom Wiesenschnitt.

Das hier ist nur ein Snack für Wolly.

Ein Patentrezept für die ideale Futtermenge gibt es nicht, da nicht nur Rassen sondern auch einzelne Tiere unterschiedliche Ansprüche haben und die Pflanzenmischung auf Weiden sehr vielfältig sein kann. Schafe, die auf gesunden Weiden (siehe Seite 32) genügend Nahrungsangebot finden, sind natürlich topp versorgt. Bei der reinen Fütterung durch den Menschen etwa im Winter sollte bei morgendlicher und abendlicher Gabe von Heu etwa zwei Stunden später noch ein Rest in der Raufe sein. Bei allen kombinierten Arten der Versorgung gilt es, die passenden Portionen auszutüfteln. Schafhalter, die sich engagiert mit ihren Tieren beschäftigen, wird dies allerdings schnell gelingen.

Weitere Winterversionen

Sie können Ihre Vierbeiner mit Heu als Grundfutter sehr gut über den Winter bringen.
Andere beliebte Optionen sind die Verfütterung von Silage oder Heulage.
Silage kann aus allen Grünfuttermitteln hergestellt werden. Hierbei wird das Erntegut zerkleinert, gepresst und unter luftdichten Bedingungen gezielt durch Milchsäure vergoren, sprich: konserviert. Das Resultat ist ein sehr hochwertiges Futtermittel. Wie groß der Anteil von Rohprotein und Rohfaser sind, hängt vom Erntezeitpunkt ab. Je älter die Pflanzen, desto geringer ist der Rohprotein- und desto höher der Rohfasergehalt.
Zur Herstellung von Grassilage wird meist ein jüngerer Schnitt als zur Gewinnung von Heu verwendet. Der Trockensubstanzgehalt von Grassilage liegt zwischen dreißig und vierzig Prozent. Wer Silage selbst herstellen will, sollte sich unbedingt einen Profi zur Hand nehmen. Verarbeitungs- und Gärfehler können die Silage unbrauchbar und zudem toxisch machen. Verschiedene landwirtschaftliche Institute bieten Kurse zum Thema Silageherstellung an. Einige Halter schwören auf Heulage als Winterfutter. Sie kann vom Verarbeitungsprozess her zwischen Heu und Silage eingeordnet werden. Hierbei wird das Gras genauso spät geschnitten wie Heu, angetrocknet (TS-Gehalt von fünfzig bis siebzig Prozent) und anschließend verdichtet und luftdicht verpackt. Einige Hersteller geben Siliermittel bei, andere belassen das Produkt wie es ist und zählen auf den natürlichen Silierprozess. Auch die Herstellung von Heulage eine knifflige Angelegenheit, die dem Profi überlassen werden sollte. Bei unzureichender Verarbeitung kann es passieren, dass der Silagevorgang nicht vollständig abgeschlossen wird, wodurch gefährliche Nacherwärmungen stattfinden können oder Krankheitserreger auftreten.
Beide Futtermittel gibt es in verschiedenen Paketgrößen zu kaufen. Dies lohnt sich bei sehr kleinen Schafgruppen aber selten, denn einmal geöffnet, muss der Inhalt zügig verfüttert werden, weil er rasch verdirbt.

Zusatzfutter für Leckermäuler

Neben der grünen Grundnahrung von der Wiese gibt es zahlreiche Leckereien, mit denen Sie Ihre Vierbeiner verwöhnen können. Das schmeckt nicht nur gut, sondern fördert auch die Bindung zwischen Mensch und Tier.

Power-Mischung in Maßen

Im Handel werden verschiedene Schaffuttermittel angeboten, meist in Form von Pellets oder Flocken. Bevor Sie zugreifen, sollten Sie unbedingt die Produktbeschreibungen lesen. Häufig erweckt die Aufmachung den Anschein, dass es sich um Mischungen handelt, die als „normale" Nahrung verwendet werden können. Bei genauerem Hinsehen werden Sie aber feststellen, dass es in Wirklichkeit Ergänzungsfuttermittel sind.

Hiervon gibt es verschiedene Arten, die auf bestimmte Tiere ausgerichtet sind, beispielsweise tragende Schafe oder zur Schlachtung vorgesehene Lämmer. Informieren Sie sich deshalb vor dem Kauf über den Zweck des Ergänzungsfutters und verwenden Sie auf Ihre Tiere passende Mischungen nur in Maßen. Wer fitte Schafe besitzt, die gesundes Grundfutter bekommen und nicht auf eine bestimmte Leistung hin beeinflusst werden sollen, kann von diesen Futtermitteln gänzlich absehen.

Erhöht angebrachte Zweige werden lieber gefressen als auf dem Boden liegende, wahrscheinlich, weil dies dem Vorkommen in der Natur entspricht.

Dazu sagt Wolly nicht nein: Mit Leckereien und etwas Geduld werden Schafe schnell zutraulich.

Getrocknete Brennnesseln sind für Schafe ein wahrer Genuss.

Gaumenschmaus für Wiederkäuer

Sicherlich wollen Sie Ihren Vierbeinern ab und an etwas Gutes tun. Damit Ihre Lieblinge von Leckereien nicht dick werden, gibt es einige gesunde Optionen der Bonus-Fütterung. Die meisten Schafe freuen sich über getrocknete Brennnesseln. Diese können Sie bei gutem Wetter ganz fix herstellen: Abschneiden, auf ein sauberes Sonnenfleckchen legen oder – wie man es von Küchenkräutern kennt – mit dem Kopf nach unten aufhängen.

Baumsämlinge, frische Kräuter und Knabberzweige sind ebenfalls eine willkommene Abwechslung. Doch nicht alle Gehölze eignen sich für Schafe. Auf der sicheren Seite sind Sie mit Zweigen von Obstbäumen, Haselnuss, Weide und Buche. Hafer, Mais und Futterrüben sind energiereiche Zusatzfutter, die nach Bedarf verabreicht werden können. Als Leckerli sollten sie bei properen Schafen nur in Maßen gegeben werden.

Über frisches Obst und Gemüse freuen sich die meisten Vierbeiner. Am ehesten aufgenommen wird es, wenn Sie es in mundgerechten Happen servieren. Zu gut sollten Sie es hiermit aber nicht meinen, da sich zu große Mengen negativ auf die Verdauung der Wiederkäuer auswirken. Als Leckerli sind ein paar Apfelstückchen, Karottenschnitze und Ähnliches aber allemal geeignet.

Bei trockenem Brot spalten sich die Gemüter. Einige Halter raten ganz davon ab, andere befürworten geringe Mengen als Belohnungshappen. Fest steht: Schafe fressen trockenes Brot meist sehr gerne, zu große Mengen können aber schwerwiegende Probleme nach sich ziehen, weil ihre Verdauung nicht darauf ausgerichtet ist. Grundsätzlich gibt es noch zwei weitere Verzichtgründe: Erstens ist Brot für Schafe kein natürliches Futter. Zweitens kann es passieren, dass gesunde Belohnungshappen unattraktiv werden, weil die Schafe die ungesunde Leckerei bevorzugen.

Trinkfreudige Vierbeiner

Sauberes, frisches Wasser ist unerlässlich für die Aufrechterhaltung der Tiergesundheit. Der Flüssigkeitsbedarf der Tiere variiert je nach Futterart und -menge, Temperatur, Körpergröße und Konstitution. Deshalb gilt beim klaren Nass: Lieber großzügig als knapp bemessen.

Literweise Nass für eine gute Verdauung

Wie viel ein Schaf pro Tag trinkt, wird von verschiedenen Faktoren beeinflusst. Ist das Futter saftig, enthält also einen hohen Flüssigkeitsanteil, benötigt es weniger Wasser als wenn es Heu aufnimmt. An heißen Tagen steigt der Flüssigkeitsbedarf und auch bei Schafen, die Milch produzieren.

Unter angenehmen Bedingungen und bei frischem Futter kommen manche Schafe schon mit zwei Litern Wasser pro Tag aus. Unter extremen Konditionen kann der Wasserbedarf auf bis zu zehn Liter ansteigen.

Reinheitsgebot für Vierbeinertränken

Damit das Wasser Ihrer Schafe sauber bleibt, sollten Sie es morgens und abends kontrollieren und mindestens einmal am Tag durch frisches Nass ersetzen. Am besten reinigen Sie hierbei auch das Behältnis, in dem Sie es verabreichen. Bei sauberen Durchlauftränken kann die Reinigung in etwas größeren Abständen erfolgen.

An heißen Tagen können sich durch Verunreinigungen schnell Bakterien ausbreiten, deshalb sollten Sie bei solchem Wetter besonders auf eine saubere und kühle Tränke achten.

Tränken für besondere Bedingungen

Im Winter kann sich bei Frost Eis in den Tränken bilden, was unbedingt vermieden werden sollte. Hierfür können Sie entweder öfter handwarmes Wasser nachfüllen, das nicht ganz so schnell abkühlt, beheizte Tränken verwenden oder Tränkenwärmer einsetzen. Letztere gibt es schon zu relativ günstigen Preisen als selbstklebende Folien, die von unten ans Behältnis geheftet werden, oder in Plattenform. Die meisten Tränkenwärmer können direkt ans Stromnetz angeschlossen werden. Dabei ist es ganz wichtig, dass die Kabel für die Tiere unerreichbar und vor Feuchtigkeit geschützt sind.

Wenn Sie Lämmer haben, muss sichergestellt sein, dass die Kleinen nicht versehentlich in die Tränken geraten können. Um dies zu verhindern, können Sie auf Tränken mit einem Lämmerschutzgitter zurückgreifen oder die Behältnisse mit einem fest verankerten Konstrukt, beispielsweise aus Lämmerdraht, abdecken.

Die Lämmer dürfen durch die Öffnungen nicht hindurch passen – auch nicht der Kopf – und die ausgewachsenen Tiere müssen genügend Platz haben, um an das klare Nass zu kommen. Deshalb ist es bei dieser Lösung extrem wichtig, dass der Wasserstand entsprechend hoch gehalten wird.

Frisches Trinkwasser muss immer bereitstehen, damit die wolligen Vierbeiner gesund und fit bleiben.

Zusätzliche Versorgung

Neben der täglichen Fütterung, Wasserversorgung und Kontrolle der Tiere, fallen in regelmäßigen Abständen weitere Arbeiten an. Die Stallreinigung, Klauenpflege und Schur gehören zum Standard jedes gesunden Schaflebens.

Pediküre für trittsichere Paarhufer

Schafklauen werden in der freien Wildbahn durch Abrieb auf verschiedenen Untergründen, besonders auf steinigem Boden, von selbst kurz gehalten. Bei der Haltung im Stall und auf Weiden findet dagegen nur ein mäßiger Abrieb statt. Deshalb müssen in der Haltung die Klauen regelmäßig gekürzt werden. Welches Werkzeug man dafür verwendet, ist Geschmackssache. Manche Halter bevorzugen Klauenscheren, andere arbeiten lieber mit geraden Messern, wieder andere schwören auf gebogene Messer.

Welche Methode man auch anwendet, eines ist immer wichtig: Die Klingen müssen scharf sein und das Schaf muss fixiert werden, da schon kleine Zuckungen zu Verletzungen führen können. Beim Schneiden der Klauen sind einiges an Kraft und ein Helfer nötig, der das Tier sicher festhält.

Wer die Pediküre selbst übernehmen möchte, belegt hierfür am besten einen Kurs. Ansprechpartner und Veranstaltungstermine finden Sie bei Ziegenzuchtvereinen und -verbänden.

Natürlich können Sie den Klauenschnitt auch von einem erfahrenen Halter durchführen lassen oder gleich den Profi bestellen. Bei der Landwirtschaftskammer erhalten Sie die Kontaktdaten geprüfter Klauenpfleger. Auch die meisten Schafscherer bieten normalerweise den Klauenschnitt an.

Runter mit der Wolle

Als die Wanderschafhaltung noch verbreiteter war, hat man üblicherweise einmal jährlich nach den Eisheiligen geschoren. Heute setzen viele Halter auf die zweimalige Schur. Im Frühjahr kommt die dicke Winterwolle inklusive Stallschmutz herunter. Durch die Schur im Herbst wird vermieden, dass die Tiere zu sehr schwitzen, wenn es in der kälteren Jahreszeit in den Stall geht – außerdem verringert sich dadurch ihr Platzbedarf, was jedoch eher in der kommerziellen Haltung denn im Hobbybereich ein Kriterium dürfte.

Es gibt Schafe, die so zutraulich und entspannt sind, dass sie die Schur mit einer Schere völlig ruhig über sich ergehen lassen. Doch für dieses Prozedere brauchen selbst geübte Halter eine dreiviertel Stunde. Viel zügiger geht das Ganze mit einem Scherapparat. Diese Geräte sind allerdings sehr laut, weshalb selbst nervenstarke Vierbeiner vor ihnen lieber Reißaus nehmen würden. Daher müssen bei dieser Variante die Schafe fixiert werden.

So läuft die professionelle Schur ab: Die Schafe werden auf eine Scherbank gesetzt, auf der sie ruhig halten, weil in dieser Position ihre Atmung und die inneren Organe beeinträchtigt werden. Deshalb muss die Wolle sehr zügig runter. Ein geübter Scherer braucht pro Schaf keine fünf Minuten. Das Vlies wird in einem Stück entfernt, was besonders dann wichtig ist, wenn die Wolle veräußert werden soll.

Schafklauen wachsen, genau wie unsere Fingernägel, ständig nach und müssen deshalb regelmäßig gekürzt werden.

Aufs Kreuz gelegt: So hält das Schaf ruhig.

Für den Einsatz von Schergeräten ist es wichtig, dass ein Stromanschluss in der Nähe ist und eine Aufhängung an der Decke, durch die das Kabel gelegt werden kann. Bestellen Sie zur Schur den Profi, hat dies den Vorteil, dass alles sehr zügig vonstatten geht und die eingesetzten Geräte normalerweise qualitativ hochwertig sind.
Der Nachteil liegt weniger bei den Kosten – rund vier Euro pro Schaf, sondern darin, dass durch die schnelle „Abfertigung" öfter kleine Hautverletzungen auftreten. Doch selbst bei vorsichtiger Anwendung von Schergeräten sind diese kaum gänzlich zu vermeiden.
Um mit Wolle wenigstens ein bisschen Gewinn zu erzielen, müssten Sie schon eine richtig große Schafherde besitzen. Wundern Sie sich deshalb nicht, wenn Sie drauflegen müssen, auch wenn der Scherer die Wolle mitnimmt. Ihr Kilopreis beträgt mittlerweile meist weniger als fünfzig Cent und liegt damit schlicht unter seinem Lohn für die Schur von kleinen Schafgruppen.

Stallpflege für neuen Kuschelkomfort

Eine grundlegende Einstreu aus Stroh sollte im Stall immer vorhanden sein, damit die Schafe nicht auf dem blanken Boden stehen. Letzteres kann die Klauen wegen der gleichbleibenden Belastung, vor allem aber aufgrund der Feuchtigkeit und des Schmutzes schädigen. Ihre Schäfchen sollten also, was den Stallboden betrifft, stets im Trockenen sein.

Die Schur von Profihand geht ganz fix. Kleinere Blessuren sind dabei relativ normal.

Frisch eingestreut wird ordentlich, sodass der ganze Boden gut bedeckt ist. Das Aufstreuen von weiterem Stroh erfolgt nach Bedarf.

Dafür müssen Sie aber nicht ständig ausmisten und neu einstreuen. Natürlich würde das den Tieren überhaupt nicht schaden – im Gegenteil, doch das anfallende Kompostmaterial würde riesige Dimensionen annehmen. Geschickter ist es, auf die Grundeinstreu immer wieder etwas Stroh zu geben und die Mistmatratze wachsen zu lassen.
Durch das Gewicht der Tiere verdichtet sich diese Schicht, die nebenbei Wärme spendet. In den unteren Bereichen finden Zersetzungsvorgänge statt: Praktische Vorarbeit für die spätere Kompostierung.
Wenn Sie den Stall von Hand reinigen wollen, sollten Sie die Mistmatratze spätestens ab einer Höhe von etwa dreißig Zentimetern entfernen. Ansonsten wird das Lösen der festen, verdichteten Schichten zu einer harten Kraftprobe.
Hat Ihr Schafstall einen planen, wasserfesten Boden, beispielsweise aus Beton, können Sie ihn anschließend mit Wasser ausspritzen. Achten Sie immer darauf, dass der Stall vor dem frischen Einstreuen trocken ist, damit sich nicht von Beginn an Bakterienherde bilden. Auch kleine Lücken im Stall sollten Sie gründlich reinigen, damit nichts von der alten in die neue Strohdecke übertragen wird.
Im Fachhandel erhalten Sie extra auf Ställe ausgerichtete Desinfektionsmittel, mit denen Sie unerwünschte Mikro-Mitbewohner loswerden können.

Das Ausmisten erfordert Muckis, weshalb zierliche Personen sich besser daran machen, bevor die Mistmatratze allzu fest ist.

Waschechte Wollprodukte

Von flauschig bis Filz und Faden

Wenn Sie die Wolle ihrer Lieblinge selbst verarbeiten möchten, haben Sie verschiedene Möglichkeiten sich kreativ auszutoben. Wer allerdings vom günstigen Strickpullover aus eigener Herstellung träumt, wird enttäuscht werden: Die eigenständige Wollverarbeitung kostet immer Geld und Zeit. Trotzdem kann sie zu einem schönen Hobby werden.

Mittelalter-Masche

Das Zupfen, bei dem die Wolle sachte von Hand auseinandergezogen und von Schmutz befreit wird, ist zweifellos die altertümlichste und aufwendigste Methode der ersten Aufbereitung. Es sollte möglichst so gezupft werden, dass eine geschlossene Fläche mit parallel liegenden Fasern entsteht. Hilfswerkzeuge hierfür sind Kämme und Kandiermaschinen.

Methoden der Weiterverarbeitung sind das Spinnen oder Filzen. Fäden können entweder durch Weben, Stricken oder Häkeln und ähnliche Handarbeiten zu Stoffen und Kleidungsstücken verarbeitet werden. Die Wolle sollte während dem Verarbeitungsprozess gewaschen und vom Fett befreit werden. Dies ist im Vorfeld möglich, kann aber genauso gut erst am fertigen Produkt vorgenommen werden. Vorteilhaft ist, wenn das Auswaschen von Fett erst nach der Herstellung der Fäden vorgenommen wird, weil dann die Fasern besser zusammenhalten, was das Spinnen erleichtert.

Wer sich an mittelalterlicher Technik austoben möchte: Im Internet finden Sie Anbieter, die Spindeln, Wollkämme, Kandiermaschinen und Webrahmen wieder aufleben lassen. Kostenpunkt fürs gesamte Equipment: Knapp 1.000 Euro und damit wahrlich eine Angelegenheit für eingefleischte Fans.

Interessieren Sie sich für die eigenständige Wollverarbeitung von A bis Z, finden Sie unter anderem auf der Seite www.flinkhand.de umfassende und sehr anschauliche Informationen zu Verarbeitungstechniken und Zubehör.

Lieber lässig

Sie können die Wolle Ihrer Vierbeiner natürlich auch professionell aufbereiten lassen. Am besten tun Sie sich hierfür mit anderen Haltern zusammen, da größere Mengen günstiger weiterverarbeitet werden können. Die Produkte geben die Hersteller zu ermäßigtem Preis an ihre Lieferanten ab. Adressen finden Sie im Internet, über Schafzuchtverbände, Großhalter und Schafscherer.

Rohwolle vom Schaf hat viele gute Eigenschaften, die sogar manche Synthetikfaser nicht erreicht.

Von der eigenen Schafwolle ein Pulli – diesen Traum können Sie sich erfüllen, wenn Sie eigene Schafe haben.

ABC der Schäfchen-Schule

Sicherlich wollen Sie Ihre Schäfchen nicht nur versorgen, sondern auch Zeit mit ihnen verbringen. Damit alle Beteiligten guter Dinge sind, sind eine gesunde Vertrauensbasis und der tiergerechte Umgang wichtig.

Diese beiden sind gelassen und aufmerksam.

Schafe lernen schnell, Positives mit bestimmten Situationen oder Personen zu verbinden.

Gesinnung und Stimmung lesen

Bevor Sie Ihre Schafe erziehen und zu bestimmten Dingen animieren können, müssen Sie sie verstehen. Ein freundliches, zutrauliches Schaf ist entspannt, seine Ohren stehen seitlich ab und sein Kopf ist normaler Haltung. Angelegte Ohren bedeuten Anspannung. Stampfen Schafe auf, warnen sie ihre Herdenmitglieder vor Gefahr, sind also nervös. Nervosität führt auch dazu, dass sich die Herde eng zusammenstellt, um eine geballte Einheit zu bilden. Laufen die Schafe dann weg, geschieht dies ebenfalls geschlossen, wobei die Jungtiere und die Schwächeren in die Mitte genommen werden.
Panische Schafe springen oft mit allen Vieren gleichzeitig in die Luft. Ein Schnauben ist ein Zeichen von Unmut – ähnlich wie bei uns. Senkt ein Schaf den Kopf, sodass der Schädel zu Ihnen und sein Maul zwischen die Vorderbeine gerichtet sind, ist es angriffsbereit.
Die meisten Schafe tendieren in angespannten Situationen eher zur Flucht als zum Angriff, es sei denn, sie finden keine Ausweichmöglichkeit. Je nach Rasse, Haltungsform und Erfahrung können Schafe schreckhaft und scheu bis neugierig, kess oder sogar total verschmust sein.

Dumm oder verkannt?

Ob der Ausspruch „blödes Schaf" seinen Grund hat oder aus mangelndem Schafverständnis unsererseits rührt, ist eine zwiespältige Sache. Schafe kapieren für sie nutzbringende Dinge sehr schnell und können sie sich auch relativ lange merken. Verwenden Sie für die Fütterung immer denselben Lockruf, bringen Sie Ihre kleinen Wiederkäuer bald dazu, Ihnen hinterher zu laufen.
Schafe sind außerdem erfinderisch, wenn es darum geht, bestimmte Hindernisse zu überwinden. So wissen viele Schlingel genau, wann ein Elektrozaun Strom führt oder wann sie ungehindert ausbüxen können. Es wurde sogar beobachtet, dass die Vierbeiner sich auf dem Rücken über Untergründe schieben, die im Gehen nicht passierbar wären.
Dem gegenüber steht, dass Schafe sich ziemlich oft mit demselben Trick hereinlegen lassen, was übrigens bei Ziegen nicht funktioniert. Beispiel: Wollen Sie ein Schaf in einen Raum bewegen, in dem etwas für sein Empfinden Negatives passiert, beispielsweise der Klauenschnitt, können sie es über hundert Mal mit einer Leckerei dorthin locken, bevor es kapiert, dass es „veräppelt" wird. Bei Ziegen klappt das maximal bis zur dritten Runde.

Zuneigung geben und fördern

Schafe sind Fluchttiere. Deshalb ist es ein Fehler, ihnen nachzulaufen, um Kontakt aufzunehmen. Sie machen sich dadurch zum „Jäger“ und die Schafe zu Ihrer „Beute“, was nur zu gesteigertem Misstrauen Ihnen gegenüber führt. Lassen Sie die Tiere immer auf sich zukommen. Mit Gelassenheit und leckeren Belohnungshappen (siehe Seite 59), erreichen Sie die größten Erfolge. Sprechen Sie dabei ruhig mit Ihren neuen Vierbeinern, damit sie sich an Ihre Stimme gewöhnen und Positives damit verbinden.

Streicheleinheiten an Schultern, Hals und Brust empfinden die meisten Schafe als angenehm. Sind ihre Vierbeiner scheu, gewöhnen Sie sie sachte an Berührungen und zwingen sie die Schafe nie zu „ihrem Glück“. Sehr zutrauliche und verschmuste Tiere genießen auch ganze Rückenmassagen oder Streicheleinheiten an den Wangen.
Damit Sie sich in aller Ruhe gegenseitig kennenlernen können, ist es ratsam, die Schafe nicht ausgerechnet dann zu holen, wenn Stress ansteht. Besser ist es, wenn der Klauenschnitt, die Schur und andere Belastungssituationen noch einige Zeit auf sich warten lassen können. So vermeiden Sie, dass die Vierbeiner Negatives mit Ihnen verbinden.

Anna geht ganz behutsam mit dem kleinen Lamm um. Das stärkt das Vertrauen.

Kleiner Schaf-Führerschein

Schafe agieren eher als Gruppe denn individuell. Das bringt Vorteile mit sich: Wollen Sie Ihre Herde an einen bestimmten Platz bewegen, beispielsweise auf einen Anhänger, können Sie eines der Tiere dorthin bringen. Meist folgt dann die ganze Gruppe.
Verwenden Sie immer den gleichen Lockruf und / oder denselben Behälter für die Fütterung, bringen Ihre Vierbeiner das schnell in Verbindung. So können Sie bald allein durch Ihre Stimme oder den Gegenstand die Gruppe dazu bewegen, Ihnen nachzulaufen.
Möchten Sie die Tiere dagegen von etwas abbringen, gehen Sie mit ausgestreckten Armen in moderatem Tempo auf sie zu und verwenden Sie auch hierfür einen bestimmten Begriff oder Laut. Wichtig ist stets Ihre Stimmlage. Ein sanftes „Nein" bringt ebenso wenig wie ein geknurrtes „Komm her". Schnelle Bewegungen oder hektische, laute Rufe verursachen Panik, wodurch Tiere aus der Gruppe ausbrechen oder die ganze Herde in unerwünschte Richtung flüchten kann.

Schafmeckern klingt goldig – kann bei Meckerliesen mit Durchhaltevermögen aber nervig werden.

Vehemente Meckerei vermeiden

Da hat man die Neulinge so schön zutraulich gemacht, indem man ihnen ständig Leckereien an den Zaun gebracht hat – und nun meckern sie permanent, wenn man nur in ihr Blickfeld kommt. Das wird die Nachbarn sicherlich nicht begeistern.
Gänzlich vermeiden lässt sich solches Verhalten leider nicht. Aber es gibt Methoden, durch die Sie das Dauermeckern mindern können. Halten Sie sich von Beginn an in der Nähe der Tiere auf, ohne sie zu beachten. So lernen sie, dass Ihre Anwesenheit nicht unbedingt auf sie bezogen ist. Verwenden Sie immer den bestimmten Behälter zur Fütterung, auch wenn Sie nur eine Handvoll Leckereien bringen. Mit etwas Glück assoziieren die Schafe die Kombi Mensch plus Behälter mit Futter, anstatt nur den Menschen. Der Bonus: Sie können dies nutzen, um die Herde zu führen, indem sie einfach mit dem – auch leeren – Futterbehälter an den gewünschten Ort laufen. Achten Sie darauf, dass andere Menschen Ihre Vierbeiner nicht füttern oder nicht füttern können. Auch Zaungäste, die es nur gut meinen, konditionieren die Schafe darauf, sämtlichen Passanten nachzulaufen und zu meckern.

Dreiste Dickschädel erziehen

Schafe sind Herdentiere, die eine Rangordnung haben. Steht Ihnen einmal ein Schaf im Weg, das partout nicht weichen will, schieben Sie es mit einem kräftigen Stoß weg. Die Tiere agieren auch untereinander so.

Generell gilt bei der Rangordnung: Der Schwächere gibt nach. Damit Sie also nicht den Kürzeren ziehen, sollten Sie zwar nicht brutal werden, sich aber konsequent durchsetzen.
Bei gröberen Auseinandersetzungen steigen die Tiere, um die Schädel gegeneinander zu schlagen, vor allem die Böcke. Damit Ihre Vierbeiner Sie nicht herausfordern, ist es wichtig, dass Sie Lämmer – so putzig das bei ihnen auch sein mag – nicht zu solchem Verhalten gegenüber dem Menschen animieren. Stattdessen sollten Sie die Kleinen konsequent auf alle Viere hinunterdrücken, sobald sie sich Ihnen gegenüber auf die Hinterbeine stellen. Dasselbe gilt bei der Fütterung von Hand. Die Jungtiere strecken sich dabei zwar nur, um an die Flasche oder den Leckerbissen zu kommen. Dulden Sie das, werden Sie später mit einem fordernden, ausgewachsenen Schaf konfrontiert sein.
Um erwachsene Schafe abzuwehren und zu belehren, können Sie sie mit einem beherzten Griff auf die Seite legen. Dies erfordert allerdings einiges an Kraft. Wasserpistolen können an dieser Stelle ein gutes Erziehungsmittel sein. Bei sehr aufmüpfigen Gesellen müssen Sie meist mehrfach klar machen, wer der Boss ist. Können Sie nicht schnell genug reagieren und laufen Gefahr, getroffen zu werden, beispielsweise weil ein Schaf schnell mit gesenktem Kopf auf Sie zurennt, weichen Sie ihm am besten kurz vor der Kollision seitlich aus. Schafe mit „Speed" sind schlechte Kurvenläufer und werden ins Leere rennen.

Ab in den Stall: die Bande weiß ganz genau, wo sie jetzt hingehen soll.

» *Wenn die Schafe mir mal im Weg stehen, dann schubs ich die einfach weg. Die kapieren dann schon, wer der Boss ist. Die Lämmer müssen wir manchmal runterdrücken, wenn sie an einem hochsteigen wollen. Das ist voll süß, aber das dürfen die nicht anfangen. Wenn die mal groß sind, macht das nämlich keinen Spaß mehr.*

Klara

Gut erzogene Schafe drangsalieren einen nicht. Wolly nimmt das Futter ganz vorsichtig und anständig.

Milch, „Minis" und mehr

Routine pur gibt's nicht. Zu jedem Schafleben gehören ausgefallene Umstände: Seien es Nachwuchs, ein krankes Tier oder Ihre Entscheidung, selbst Milch zu gewinnen.

» Es kommt immer mal wieder etwas Außergewöhnliches vor. Wir wollten zum Beispiel einmal Lämmer. Da steht die Welt Kopf. Wir haben viel zu tun, aber auch viel zu Staunen und zu Lachen.

Yvonne

Tiergesundheit in besten Händen

Schafe sind keine Sensibelchen, können aber wie alle Tiere krank werden, sich verletzen und besondere Pflegemaßnahmen benötigen. Vorbeugung ist natürlich immer die beste Art, Negatives zu vermeiden. Im Folgenden finden Sie einen Überblick über Gefahren und wie Sie diesen am besten begegnen.

Lästige kleine Mitbewohner bekämpfen

Schafe sind zum Glück sehr robust. Doch wie alle Tiere, die im Freien leben, haben sie Parasiten. Das klingt zunächst vielleicht erschreckend, aber ein mäßiges Auftreten bestimmter Arten ist völlig normal und unbedenklich. Eine Fliege, die Blut saugt, beispielsweise, ist schon als Parasit zu betrachten. Damit Ihre Vierbeiner vor zu starkem Befall und gefährlichen Parasitenarten geschützt sind, ist Vorbeugung angesagt. Parasiten auf dem Tier nennt man Ekto-, solche im Tier Endoparasiten.

Außenbewohner – Ektoparasiten

Zu den in unseren Breiten am häufigsten vertretenen Ektoparasiten zählen Milben, Schaflausfliegen und Zecken.

Milben verursachen je nach Art an unterschiedlichen Körperstellen Räude. Die Tiere schubbern sich bei jeder Gelegenheit und beißen sich, weil die Biester zu starkem Juckreiz führen. Dadurch können Haut und Haarkleid geschädigt werden, was wiederum die Ausbreitung von Bakterien nach sich ziehen kann. Die Folge sind eitrige Entzündungen. Milben können sich in feucht-warmem Milieu am besten verbreiten. Deshalb sollten Sie stets darauf achten, dass die Umgebung der Tiere trocken und kühl bleibt. Leider sind Milben sehr schnell von einem Schaf auf das nächste übertragbar und können monatelang ungesehen auf einem Tier überleben, bevor die Bedingungen für eine Ausbreitung gegeben sind.

Schaflausfliegen treten vor allem im Winter in feuchten Ställen auf. Sie saugen Blut, was zu Juckreiz führt. Auch eine Verminderung der Futteraufnahme kann eintreten, wodurch die Tiere abmagern. Ein starker Befall kann vor allem für Lämmer sehr schwerwiegende Folgen haben.

Zecken, die Ihre Lieblinge anzapfen, kommen immer wieder vor und sind bei dichtem Vlies nur schwer auszumachen. Wer einen Hund oder eine Freigängerkatze hat, weiß, dass die Biester schlichtweg unvermeidlich sind. Da Zecken Krankheiten übertragen können, sollten Sie sich selbst und Ihre Kinder vor allem zur „Zeckensaison" gründlich kontrollieren, nachdem Sie Ihre Vierbeiner besucht und gestreichelt haben. Hat sich eine davon bereits festgebissen, entfernen Sie sie am besten mit einer Zeckenzange oder den Fingernägeln, indem Sie sie am Kopf greifen und die Zecke herauslösen.

So ein dickes Haarkleid schützt wunderbar vor Kälte und Nässe – das finden leider auch kleine Mitbewohner gut.

Da juckt was. Schafe, die sich ständig selbst beißen, werden mit großer Wahrscheinlichkeit von Milben geplagt.

Ein weit verbreiteter Tipp ist, die Zecke mit Öl zu behandeln, führt erfahrungsgemäß nur dazu, dass sie schwerer zu lösen sind und Entzündungen entstehen. Um sie auszumerzen, legen Sie sie in ein Blatt Papier und zerdrücken sie. Verbrennen hilft auch – im Gegensatz zum Runterspülen mit Wasser. Die Biester sind zäh und wenn Sie Pech haben, finden ihren Weg zurück aus dem Abfluss. Dermacentor marginatus klingt wie ein Zauberspruch, ist aber die in unseren Breiten am häufigsten bei Schafen auftretende Zeckenart. Sie kommt vor allem in warmen Regionen in der Umgebung von großen Gewässern etwa Rhein und Main vor und kann, wenn in einem Gebiet sehr viele Schafe gehalten werden, zur Plage werden.

Weg mit den Biestern

Eine gründliche Tierreinigung von Kopf bis Fuß ist die beste Maßnahme zur Bekämpfung und Vermeidung von Ektoparasiten. Der ideale Zeitpunkt hierfür ist ein, zwei Wochen nach der Schur, wenn eventuell auftretende Schurwunden verheilt sind.

Kontrollieren Sie sicherheitshalber auch sich und Ihre Kinder auf Zecken, wenn Sie bei den Schafen waren und die kleinen Beißer Saison haben.

Natürlich bringt die Reinigung wenig, wenn Sie nur ein Schaf waschen oder die Herde hinterher in einen dreckigen Stall bringen. Die ganze Gruppe und das Schafterrain müssen der Prozedur unterzogen werden. Deshalb ist es sehr sinnvoll, das Duschen oder Baden der Tiere mit der Reinigung von Stall, Gerätschaften und Weide zu kombinieren.

Innenbewohner – Endoparasiten

Es gibt verschiedene Wurmarten, die Schafen zu schaffen machen können. Symptome für einen gefährlichen Befall sind Verdauungsstörungen, Durchfall, Abmagerung, Fieber, Veränderungen des Haarkleides, Schwellungen an Lymphknoten oder Kehlkopf sowie Blutverlust. Vor allem Lämmer reagieren sehr sensibel auf die fiesen Innenbewohner. Tiere, die oben genannte Anzeichen zeigen, müssen schnell behandelt werden.

Die Impfung der Kleinen gegen die Breinierenkra heit gehört zu den wichtigsten Immunisierungen.

So sieht gesunder Schafskot aus. Ob Ihr Vierbeiner Würmer hat, kann über eine Analysierung der Kotprobe festgestellt werden.

Wurmkuren und Schutzmaßnahmen

Hygiene ist die beste Vorbeugung gegen Endoparasiten. Ein trockener, sauberer Stall, frische Weidefläche ohne Verschmutzungen und Abstand zu Gewässern vermindern das Risiko von Wurmbefall immens. Erreger befinden sich auch in Tautropfen, weshalb ein kontrollierter Weidegang ebenfalls zur Vorbeugung beiträgt. Lassen Sie Ihre Vierbeiner nicht gleich am Morgen auf die Grünfläche, sondern erst wenn das Gras trocken ist, dann tragen Sie zur Tiergesundheit bei.
Ein Wurmbefall ist äußerlich meist erst dann zu erkennen, wenn er gravierende Ausmaße angenommen hat. Manche Halter führen deshalb regelmäßig Wurmkuren durch, allerdings kann eine häufige Anwendung der Medikamente zu Resistenzen der lästigen Innenbewohner führen. Je nach Alter und Zustand der Vierbeiner mögen unterschiedliche Behandlungen sinnvoll sein, beispielsweise bei Lämmern und trächtigen Schafen. Lassen Sie sich von einem kompetenten Tierarzt beraten.

Um Aufschluss über den Wurmbefall gesund wirkender Schafe zu bekommen, nehmen Sie am besten mehrere Kotproben pro Tier und lassen diese untersuchen. Dadurch kann der Tierarzt sehr gezielt analysieren, ob und welche Art von Wurmkur sinnvoll ist.

Viren- und Bakterieninfektionen

Es gibt eine ganze Reihe von Schafkrankheiten, die durch Viren oder Bakterien verursacht werden. Glücklicherweise treten die meisten davon nur selten auf. Da es den Rahmen dieses Buches sprengen würde, jede einzelne Erkrankung und die möglichen Behandlungsarten zu beschreiben, ist es einfacher, ein Positivbeispiel zu geben.

Hier ein kleiner Vitalitätscheck für Schafe:

- Klare Augen
- Saubere, gesunde Haut und Schleimhäute
- Normales, aktives Ohrenspiel
- Gesunde und saubere Zähne – gelbliche Verfärbungen rühren vom Grünfutter und sind unbedenklich
- Uneingeschränkte Beweglichkeit, normale Haltung und Körpersprache sowie gleichmäßige Belastung der Beine
- Normale Futter- und Wasseraufnahme sowie Rasse und Alter entsprechendes Körpergewicht
- Intakte Beine und Klauen: keine Schwellungen oder Entzündung, kein unangenehmer Geruch
- Dichtes, deckendes Haarkleid mit der Rasse entsprechender Struktur

Wer sich über Schaf- und Ziegenkrankheiten genau informieren will, findet auf der Seite der Landwirtschaftskammer (www.landwirtschaftskammer.de) umfassende Beschreibungen.

Handlungsbedarf richtig einschätzen

Kleine Blessuren, wie sie oft bei der Schur entstehen, können Sie selbst behandeln, indem Sie sie von Schmutz befreien und desinfizieren, im Prinzip also genauso wie beim Menschen. Es kommt auch vor, dass ein Schaf einmal umknickt und deshalb für kurze Zeit hinkt.

Sollten die folgenden Abweichungen vom normalen Gesundheitsbild auftreten, ist die Kontaktierung eines Tierarztes dringend angeraten:

- Gewichtsverlust trotz normaler Futteraufnahme
- Verfärbungen, Reizungen, Pusteln oder Bläschen an Haut und Schleimhäuten
- Benommenheit, Mattheit oder allgemeine Bewegungsunlust bis hin zum Stillstehen oder Dauerliegen
- Untypische Körperaktivität, beispielsweise Drehbewegungen oder Zittern der Lippe
- Austritt von Flüssigkeiten wie Speichel, Eiter, Rotz und Ähnlichem
- Verdauungsstörungen, aufgeblähter Bauch, Durchfall oder blutige Sekrete
- Husten, Schluck- und Atemprobleme, zum Beispiel Keuchen, Atmung durch den Mund
- Verringerte Futter- oder Wasseraufnahme
- Stumpfes Haarkleid oder Haarverlust
- Schwellungen und Entzündungen verschiedener Art
- Fieber
- Trübung der Augen
- Schonung der Beine, Hinken, schlechter Klauengeruch
- Reduzierte Milchleistung
- Kleine, schwache Lämmer und / oder Fehl- / Totgeburten

Schafsjahre

Bei guter Pflege und geringer Belastung durch Extremsituationen wie Stress, Geburten und Krankheiten können Schafe locker über zehn Jahre alt werden.
In den ersten vier Lebensjahren lässt sich das Alter sehr gut am Gebiss ablesen. Schafe haben im Oberkiefer eine Kauplatte – keine Zähne, im Unterkiefer sechs Schneide-, zwei Eck- und insgesamt zwölf Backenzähne, wobei die hinteren sechs Backenzähne im Milchgebiss nicht vorhanden sind. Die beiden mittleren Schneidezähne nennt man Zangen.
Im Alter von ein bis eineinhalb Jahren beginnt der Zahnwechsel vom Milchgebiss zu bleibenden Zähnen mit den Zangen. Der Wechsel der anliegenden inneren Mittelzähne erfolgt mit zwei bis zweieinhalb, der Wechsel der äußeren Mittelzähne rund ein halbes Jahr später. Mit dreieinhalb bis vier Jahren wird der Zahnwechsel durch das Austreten der bleibenden Eckzähne abgeschlossen. Die Reihen der bleibenden Backenzähne sind nach etwa zwei Jahren komplett, für die Altersbestimmung aber schwieriger heranzuziehen, da man hierfür logischerweise tief ins Maul schauen muss.
Ab einem Alter von etwa sechs Jahren werden körperliche Veränderungen sichtbar. Es beginnt sich ein Hohlkreuz abzuzeichnen, das mit den Jahren immer ausgeprägter wird.

»

Bei uns dürfen die Schafe solange leben, wie es ihnen nur irgendwie gutgeht. Wir versorgen sie im Alter dann besonders gut. Aber leiden lassen wir sie nicht.

Willi

Auch die Zahngesundheit lässt bei alten Tieren häufig nach. Eine tiergerechte Fütterung ist natürlich die beste Prophylaxe. Treten Zahnschäden auf, kann der Tierarzt Abhilfe schaffen und Sie auch in Bezug auf eventuell nötige Futteranpassungen beraten.

Am Ende eines Schafslebens

Auch ein Schafleben geht irgendwann zu Ende. Wichtig ist, dass Sie immer zum Wohl des Tieres handeln. Geht es einem Ihrer Schafe nicht gut, sollten Sie deshalb stets und zeitnah den Profi beurteilen lassen, was ihm fehlt. Erstens sind manche Dinge im Anfangsstadium noch leicht zu behandeln, zweitens gibt es Krankheiten, die die ganze Herde gefährden können, und drittens sollte kein Tier jemals leiden müssen.
Müssen Sie Abschied nehmen, kann der Tierarzt den toten Vierbeiner mitnehmen. Einfach begraben dürfen Sie die Tiere nämlich nicht. Ausnahmen gibt es für unter vier Wochen alte Lämmer, wobei deren Beerdigung genau wie bei kleinen Haustieren nur unter bestimmten Bedingungen erlaubt ist. Genaue Infos hierzu erhalten Sie beim Tierarzt und Veterinäramt.
Anstelle über den Tierarzt können Sie natürlich auch die Tierkörperbeseitigung bestellen, die Ihr verstorbenes Schaf abholt. Eine weitere Möglichkeit ist die Einäscherung in einem Tierkrematorium, wobei hierbei zwischen Sammel- und Einzelverbrennung unterschieden wird. Kostenpunkt für Letzteres: ab 300 Euro. Nicht nicht jedes Tierkrematorium nimmt Schafe an.
Unabhängig davon, wofür Sie sich entscheiden: Es ist immer von Vorteil, sich an die gesetzlichen Grundlagen zu halten und einen gewissen Beitrag für die regelkonforme Lösung zu bezahlen. Die illegale Beisetzung oder gar das Entfernen über den Müll kann übrigens sehr teuer werden.

Je besser die Haltungsbedingungen und je weniger Stress sie haben, desto älter können Schafe werden.

Zahncheck: Das behagt dem Schaf zwar nicht, ist aber wichtig. Hier schauen die Beißerchen gut aus.

Milchgenuss pur

Schafsmilch ist etwas Feines: Sie ist besser verdaulich als Kuhmilch, schmeckt gut und lässt sich zu tollen Produkten verarbeiten. Doch ohne etwas Arbeit geht es nicht, wenn Sie den Traum von frischer Milch aus dem Stall verwirklichen wollen.

Gesteigerte Verantwortung bei Milchschafen

Wenn ein Schaf nie Nachwuchs bekommt oder dieser bis zur Entwöhnung bei ihm bleibt, muss es nicht gemolken werden. Wer die Milchgewinnung anstrebt, fährt mit einer Milchschafrasse logischerweise am besten, denn sie wurde auf eine hohe Melkleistung gezüchtet.

Der Einstieg ins Metier will gut überlegt sein, denn die Schafe müssen zwei- bis dreimal täglich gemolken und die Milch verarbeitet werden. Außerdem benötigen Sie entsprechendes Equipment. Möchten Sie die Milch an Dritte weitergeben, müssen Sie außerdem bestimmte Hygienevorschriften beachten.

Die Milchgewinnung im Hobbybereich lohnt sich nur, wenn Sie absolut davon überzeugt sind, langfristig genügend Zeit dafür haben, eine zuverlässige Urlaubsvertretung kennen und bereit sind, in die nötige Ausstattung zu investieren. Da die Milchgewinnung eine ganze Palette an Kenntnissen erfordert, sollten Sie sich ein darauf ausgerichtetes Buch kaufen, einen Kurs besuchen und sich von Profis in alles einweisen lassen.

Besonderheiten und Mythen

Im Gegensatz zu Kuh- und Ziegenmilch weist Schafmilch einen deutlich höheren Fettgehalt auf. Dadurch lassen sich besonders cremige Produkte aus ihr herstellen. Sie enthält außerdem viel Protein, Laktose – die jedoch viele Kuhmilchallergiker vertragen – Vitamin B12, Kalzium und Zink. Das macht sie zu einem sehr gesunden Produkt. Weil sie so reich an Inhaltsstoffen ist, lässt sich aus der gleichen Menge Schafmilch mehr Käse herstellen als aus Ziegenmilch.

Lecker-leichter Genuss: Sogar für viele Kuhmilchlaktoseallergiker ist Schafsmilch bekömmlich.

Mit Power in den Tag: Schafsmilch liefert Energie und schmeckt richtig lecker.

Dass Schafmilch stinken oder streng schmecken soll, ist ein Mythos. Nur wenn der Stall riecht oder ein Bock in der Nähe ist, überträgt sich dieser Geruch auf das Produkt.
Wer Schafmilch im Supermarkt entdeckt, denkt vermutlich zuerst einmal an einen regionalen Anbieter mit einer kleinen Herde, die unter tollen Bedingungen lebt. Doch Schafmilch ist nicht gleich ein Heimatprodukt aus idyllischer Umgebung, nur weil sie seltener im Angebot zu finden ist. Die kommerzielle Milchschafhaltung ist vergleichbar mit der von Kühen: Sie reicht vom konventionellen Betrieb über Biohöfe bis hin zu kleinen, individuellen Anbietern.
Eine andere Tatsache ist auch, dass sich aus Schafsmilch sehr hochwertige Pflegeprodukte herstellen lassen. Wissenschaftlich nicht umfassend belegt, aber immer wieder durch Erfahrung bewiesen ist, dass mit Schafsmilch gute Ergebnisse in der Bekämpfung von Hautkrankheiten, etwa Neurodermitis, erzielt werden.

Ein Hobby für Tatkräftige

Das Melken, vor allem wenn es von Hand stattfindet, kann ganz schön ins Kreuz gehen. Deshalb ist es sinnvoll, einen Melkstand zu bauen. Darunter versteht man eine Art Podest, auf dem die Tiere erhöht stehen, während der Melker davor sitzen kann. Das Schaf wird dorthin gelockt und ruhig gehalten, indem man ihm leckeres Futter in einem kleinen Trog anbietet. Der Melkstand sollte von allen vier Seiten geschlossen sein, wenn das Schaf dort steht, um ein Ausbüxen zu verhindern.
Ist die Milch „im Eimer“ muss sie möglichst schnell aus dem Tierbereich entfernt werden, um Verunreinigungen zu vermeiden. Hygienisch am besten ist es ohnehin, wenn außerhalb des Stalls gemolken wird.
Die Milch kann direkt getrunken werden oder in passenden Behältern wie etwa Glasflaschen zwei bis drei Tage im Kühlschrank aufbewahrt werden. Soll die Milch länger haltbar sein, muss sie pasteurisiert werden.

Rahmige Köstlichkeiten

Wer sich selbst an der Herstellung leckerer Produkte versuchen will, findet im Buch „Yoghurt, Quark und Käse“ (siehe Literaturangaben) umfangreiche Methoden der Milchverarbeitung. Da die Produkte durch diverse Prozesse und Einsatz unterschiedlicher Materialien entstehen, kann hier lediglich ein Überblick über die Möglichkeiten ihrer Herstellung gegeben werden.

Yoghurt – Leckerei mit Kultur

Dieser frisch säuerliche Milchgenuss entsteht durch Bakterien. Das klingt für manch einen vielleicht weniger appetitlich, dabei handelt es sich um natürliche Mini-Helfer, die überhaupt nicht schädlich für unsere Gesundheit sind. Sie wandeln Milchzucker in Milchsäure um. Um Yoghurt zu erhalten, wird die Milch zunächst auf 97 Grad Celsius erhitzt und dann sehr schnell auf 42 Grad abgekühlt, bevor entweder Naturyoghurt oder eine im Fachhandel erhältlich, sogenannte Starterkultur untergerührt werden. Bei gut 40 Grad Celsius wird dann den Mikroorganismen zehn Stunden Zeit gegeben, sich bei gleichbleibender Temperatur von gut 40 Grad Celsius um die Verwandlung des Produktes von Milch in Yoghurt zu kümmern.

Yoghurt aus Schafsmilch ist besonders cremig.

Während sich Frischkäse sehr leicht selbst herstellen und kreativ würzen, formen und dekorieren lässt …

Käse – frisch aus dem Tuch

Für die eigene Herstellung von Frischkäse gibt es eine Menge toller Rezepte. Grundlegende Zutat ist Labferment oder ein Labaustauschstoff. Da schon sehr geringe Zugaben davon für die Käsezubereitung ausreichen, genügt es, wenn Sie davon wenig auf einmal kaufen. Labferment erhalten Sie in Apotheken. Wer bei diesem Begriff an Kälbchen denkt, liegt übrigens richtig: Es handelt sich um ein Enzym, das in den Labmägen von Kälbern vorkommt und die Gerinnung von Milch ermöglicht. Möchten Sie lieber darauf verzichten, können Sie in der Apotheke nach Labausstauschstoffen fragen. Es gibt sie auf pflanzlicher (Labkraut), mikrobieller oder biotechnologischer Basis.

Butter, Kefir und Fitness-Molke

Die Butterherstellung aus Schafsmilch ist eher aufwendig als lohnenswert. Dabei wird mit einer Zentrifuge die Sahne von der frischen, warmen Milch getrennt und dann zu Butter geschlagen. Klingt zunächst einfach, doch um eine tischreife Portion Butter zu bekommen, sind acht bis zehn Liter Milch nötig. Außerdem muss sie sehr schnell verbraucht werden, weil sie innerhalb von ein paar Tagen schlecht wird.

Die Kefirknolle, eine Symbiose aus Hefepilz, Milch- und Essigsäurebakterien, ist eine faszinierende Sache: Sie wächst, wenn sie immer wieder mit Milch übergossen wird und ist teilbar. Statt der Knolle können Sie auch Kefirkulturen verwenden. Wer Käse macht, erhält auch Molke. Sie ist vitamin- und mineralstoffreich, aber fettarm – der perfekte Fitnessdrink. Molke hält sich nur wenige Tage, kann pur getrunken oder mit Säften gemischt werden.

… ist die Hartkäsezubereitung eine Kunst für sich. Hier ein Pecorino aus der Toskana. Genuss pur bieten beide Varianten.

Nachwuchs und seine Zukunft

Lämmlein sind wirklich putzig. Sie tollen herum, machen Luftsprünge, als wäre die Welt einfach nur herrlich, und schenken eine ganze Menge Freude. Doch Schafkinder legen täglich richtig ordentlich zu und sind bald ganz schön stramme Jungspunde.

Kleinen Schafen könnte man den ganzen Tag beim Herumtollen zusehen.

Fachmännisch vorbereiten

Dass es fahrlässig wäre, sich lediglich theoretisch auf die Geburt von Schafnachwuchs vorzubereiten, ist klar. Streben Sie Lämmer an, sollten Sie sich unbedingt im Vorfeld von einem erfahrenen Halter in alles Wichtige von Fütterung der Muttertiere bis zur Aufzucht der Lämmer einweisen lassen und sich Unterstützung für die Zeit der Geburt holen. Die meisten Schafgeburten verlaufen zwar problemlos, ohne dass menschliches Eingreifen nötig wird. Sollten Sie aber dennoch nachhelfen müssen, kann sich sich das, was in der Theorie einfach klingt, als schwierig erweisen, vor allem wenn es dazu noch Komplikationen gibt.

Dieses kräftige Lämmchen weiß wo's schmeckt.

Frisch gebackene Schafmütter

Schafe tragen rund 150 Tage und bekommen meist ein bis zwei Lämmer, was jedoch rassebedingt etwas variieren kann. Damit das Muttertier in aller Ruhe gebären kann, sollten Sie eine sogenannte Ablammbox haben: Ein kleines Stallareal von mindestens drei Quadratmetern, das so konzipiert ist, dass Mutter und Nachwuchs von der Herde getrennt sind, aber Sichtkontakt zu den anderen Tieren haben.
Die Ablammbox muss unbedingt sauber sein, darf keine Gefahrenquellen für Lämmer und Muttertier haben und sollte natürlich möglichst kuschlig eingestreut sein. Eine Beleuchtung ist ebenfalls wichtig, um auch nachts verfolgen zu können, ob alles glatt läuft und vor allen Dingen, dass es der Tierarzt oder Fachmann hell hat, falls er eingreifen muss.
Bei einer normalen, komplikationsfreien Geburt kommen die Lämmer mit den Vorderbeinen voraus auf die Welt. Der Kopf liegt auf oder zwischen den Beinchen. Bei manchen Schafen geht es ganz fix von den ersten Wehen bis zum Erscheinen des Nachwuchses. Bei anderen zieht sich der Geburtsprozess lange hin. Mehrere Lämmer kommen meist zehn bis vierzig Minuten nacheinander.
Sind die Kleinen da, leckt die Mutter sie sauber. Das ist wichtig, um ihren Kreislauf und ihre Atmung anzuregen, sie zu trocknen und die Bindung zwischen Schafmama und Nachwuchs zu stärken. Auf die Beine geht es wackelig aber zügig. Die meisten Lämmer stehen schon nach etwa einer halben Stunde und suchen die Zitzen der Mutter.
Es ist äußerst wichtig, dass Lämmer möglichst bald säugen. Die sogenannte Kolostralmilch, auch Biestmilch genannt, ist nur rund 24 Stunden nach der Geburt im Euter vorhanden, bevor sich die „normale“ Milch bildet. Sie enthält wichtige Abwehrstoffe, durch deren Aufnahme die Immunabwehr der Kleinen gestärkt wird. Deshalb sollten Sie für den Notfall eine Reserve davon parat haben.
Nach der Geburt bleiben Mutter und Nachwuchs am besten noch drei Tage unter sich, bevor sie zum Rest der Herde kommen. Dadurch lassen sich nicht nur die erste Entwicklung der Lämmer und die Erholung des Schafes besser beobachten. Auch die Bezie-

hung von Muttertier und Nachwuchs wird gestärkt. Das ist vor allem bei unerfahrenen Schafmüttern wichtig, die eventuell ein bisschen brauchen, bis sie ihre Lämmer bereitwillig umsorgen, sowie bei Mehrlingsgeburten, damit keines der Lämmer versehentlich ignoriert wird.

Lämmergarten und Schäfchenschule

Eine Gruppe herumtollender Lämmer ist wohl einer der schönsten Anblicke überhaupt. Für die Kleinen ist die ganze Welt noch voller unbekannter, toller Dinge, die es zu entdecken gibt – ganz vorne mit dabei die eigene Fähigkeit zu springen, zu laufen und sich mit Artgenossen spielerisch zu messen.
Lämmer entwickeln sich zügig und übernehmen schnell, was der Rest der Herde vormacht. In den ersten beiden Lebenswochen ist das Fressen von Grünzeug mehr ein neugieriges Betasten und Probekauen von Gräsern, Blättern und Heu. Dennoch ist es wichtig, dass der Nachwuchs von Beginn an Zugang zu diesem Futter hat, damit sich die Verdauung der Jungtiere daran gewöhnt.
Neben Spiel und Spaß gehört zur Lämmeraufzucht natürlich auch eine grundlegende Schule. Besuchen Sie den Nachwuchs und beschäftigen Sie sich ruhig mit den Kleinen, um sie an den Menschen zu gewöhnen. Keine Prägung ist so intensiv wie die in jungem Alter. Damit aus den Kleinen wohlerzogene Große werden, sollten Sie bereits den Lämmern gegenüber eine konsequente Erziehung angedeihen lassen (siehe Seite 72), sie beispielsweise nicht an Ihnen hochsteigen lassen.

Hallo Welt! Für Lämmer gibt es so viel Spannendes zu entdecken.

Ein Platz für den wachsenden Nachwuchs

Können und wollen Sie Ihre Lämmer behalten? Klasse. Dann müssen Sie nur noch die Sache mit ungewolltem Nachwuchs regeln. Haben Sie nämlich junge Böckchen, sollten diese nicht gerade mit ihren Geschwistern oder Muttertieren weitere Lämmer zeugen, da Inzucht Risiken birgt.
Sie können die männlichen Racker kastrieren lassen, die dann übrigens als Hammel bezeichnet werden. Prinzipiell gilt: Je später die Kastration stattfindet und je ausgereifter der Bock, desto weniger wirkt dieser Eingriff seinem „Bockverhalten" entgegen.
Jung kastrierte Männchen bleiben eher etwas ruhiger, sind dafür aber in ihrer natürlichen Entwicklung (Pubertät) gehemmt. Je nach Alter der Tiere können verschiedene Kastrationsarten in Frage kommen. Informieren Sie sich rechtzeitig bei einem patenten Tierarzt über die Kastrations- und Betäubungsmöglichkeiten.
Mehrere Böcke können Sie auch separat von Weibchen und Jungtieren in einer Männergruppe halten, sofern Sie den Platz dafür haben. Hier wird sich jedoch die Frage stellen,

Abgeguckt: Neugierig probieren die Kleinen, was den Großen schmeckt.

ob Sie Lust auf die „Machos“ haben. Böcke können zwar anständig sein, doch das erfordert eine Handhabung, die eher auf gesunder Distanz als auf aktiver Zuneigung basiert. Wer versucht, durch Streicheleinheiten und Leckerli einen Kuschelkerl zu erziehen, erntet die Lorbeeren meist in Form eines aufmüpfigen Bocks – und das ist wahrlich unangenehm. Möchten Sie Ihre Herde nicht vergrößern, bleiben Ihnen die Abgabe von Tieren oder die Schlachtung. Letzteres wird nicht für jeden Hobbyhalter eine Option sein. Wer Wert darauf legt, dass seine Vierbeiner in gute Hände kommen, die ihnen weiterhin ein glückliches Dasein als Haustier bieten, sollte sich frühzeitig nach neuen Schaf-Paten umsehen.
Besser noch: Erst einmal Leute ausfindig machen, die auf jeden Fall Schäfchen übernehmen möchten, und dann das Projekt „Nachwuchs“ in Angriff nehmen.

Wer nicht züchten möchte, aber gerne einmal Lämmer hätte, kann mit dem Kauf von Muttertieren und deren Lämmern in die Schafhaltung starten.

Lämmer, die noch mit Milch versorgt werden müssen, benötigen sehr viel Pflege und Aufmerksamkeit.

Für diejenigen, die aus etwas härterem Holz geschnitzt sind, aber ihre vertrauten Vierbeiner nicht zum Metzger bringen oder essen wollen: Es gibt die Möglichkeit, die Lämmer an einen entsprechenden Betrieb abzugeben.

Lämmer ohne Stress

Viele frischgebackene Hobbyhalter wünschen sich einmal Lämmer, fühlen sich der Herausforderung der Betreuung werdender Schafmütter sowie der Hilfe bei der Geburt aber nicht gewachsen. Dieser Stress kann umgangen werden, wenn Sie sich gleich zu Beginn Lämmer zulegen.
Hierfür gibt es mehrere Optionen: Sie können Schafmütter samt Nachwuchs zu sich holen oder etwas größere Lämmer, die schon eigenständig sein können und keine Milch mehr benötigen.

Das Aufziehen kleiner Lämmer mit der Flasche ist natürlich auch eine Möglichkeit. Allerdings ist dies ziemlich zeitaufwendig. Zudem sollten allzu junge Tiere nicht überflüssigerweise derart früh von der Mutter getrennt werden. Eine Ausnahme bilden natürlich Lämmer, die von ihrer Schafmama nicht angenommen werden und auch sonst keinen Säugeplatz in der Herde finden.
Schafe, die mit der Flasche großgezogen wurden, gehören übrigens häufig zu den zutraulichsten Tieren – bei falscher Erziehung allerdings auch zu den dreistesten.

Mutter-Kind-Herden kaufen

Wenn Sie Schafmütter mitsamt Nachwuchs zu sich holen möchten, ist es wichtig, dass Sie sich nicht auf ein einzelnes Schaf mit einem einzigen Lamm beschränken. Dem Muttertier,

das seinen Nachwuchs erzieht und verteidigt, fehlt sonst der Schutz der Herde. Für die „alleinerziehende" Schafmama würde hierdurch also eine Doppelbelastung entstehen. Da erwachsene Schafe, übrigens im Gegensatz zu Ziegen, kaum noch Spieltrieb besitzen, würden dem Lämmchen zudem gleichaltrige Spielkameraden fehlen, mit denen es nach Herzenslust herumtollen kann.
Die einzige Ausnahme, die es in diesem Bereich gibt, bilden die Ostfriesischen Milchschafe. Hier ist es möglich, eine einzelne Schafmutter mit zwei oder mehr Lämmern zu halten.
Möchten Sie ungewollten Nachwuchs vermeiden, ist es am besten, wenn Sie mehrere Schafmütter mit weiblichen Jungtieren zu sich holen. Böckchen können zwar kastriert oder später unter sich gehalten werden, was jedoch zusätzlichen Aufwand (siehe Seite 88) mit sich bringt.
Ein großer Vorteil des Kaufs einer Mutter-Lamm-Gruppe ist, dass sie von vornherein wissen, welches Geschlecht der Nachwuchs hat. Dies gilt natürlich auch, wenn Sie nur Lämmer holen. Zudem sind die Tiere von einem patenten Züchter gesund, geimpft und entwurmt.

Binnen weniger Monate werden die kleinen Racker zu richtig properen Jungspunden.

»
Die Lämmer sind am besten. Die können wir auch auf den Arm nehmen. Ich finde es klasse, dass wir Schafmamas mit ihren Babys geholt haben. Da mussten wir nicht warten, bis die auf der Welt waren.

Anna

Register

Nützliches für Schaf-Fans

Grünland pachten oder kaufen

Auf der Webseite www.agrar.de finden Sie unter der Rubrik „Pachtspiegel“ zu jedem Bundesland Pacht- und Kaufpreise verschiedener landwirtschaftlicher Nutzflächen.

Weiteres Wissenswertes zu Schafen

Auf den folgenden Internetseiten finden Sie viele Informationen, wertvolle Tipps und Anregungen rund um die Schafhaltung:
www.schafe.de
www.schafe-im-netz.de
www.welt-der-schafe.de
www.ofm.ch (zu Ostfriesischem Milchschaf)

Ansprechpartner
Vereinigung Deutscher Landesschafzuchtverbände (VDL)
Claire-Waldoff-Straße 7
10117 Berlin
Telefon: 030 / 31904-540
Fax: 030 / 31904-549
Email: info@schafe-sind-toll.de

Unter der genannten Adresse erhalten Sie unter anderem Informationen zu einzelnen Rassen und entsprechenden Verbänden.

Service

Danksagung

Die Autorin dankt Familie Bauer für die tatkräftige Unterstützung und das Engagement bei den Fotoshootings, ganz besonders Anna und Klara für ihre großartige Mitarbeit. Vielen Dank an Silke Klewitz-Seemann für die tolle fotografische Begleitung sowie Eva-Maria Götz vom Verlag Eugen Ulmer, die dieses wunderbare Buchprojekt ins Leben gerufen hat.

Bildquellen

Umschlag und Klappen

Baronb – Fotolia.com: Titelfoto
Bauer, Wilhelm: Vordere Klappe innen, alle Fotos
Götz, Eva-Maria: Umschlagseite 2 und hintere Klappe innen, alle Fotos
Klewitz-Seemann, Silke: Umschlagrückseite, Umschlagseite 3

Innenteil

dream79 – Fotolia.com: Seite 84
istockphoto/esemelwe: Seite 67 oben, 67 unten
istockphoto/Lidian Neeleman: Seite 18 rechts
istockphoto/Roberto Tartaglioni: Seite 85 oben
istockphoto/stocknshares: Seite 85 unten
istockphoto/xyno: Seite 19

sowie Klewitz-Seemann, Silke: alle anderen Fotos im Innnenteil

Literatur

Freith, Britta (2009): Unser Schaf- und Ziegenhof. Verlag Eugen Ulmer, Stuttgart.
Bellersen Quirini, Cosima (2011): Joghurt, Quark und Käse – natürlich selbst gemacht, Verlag Eugen Ulmer, Stuttgart.
Fischer/Rieder/Kuhn/Volk (2011): Fotobuch Schafe. Verlag Eugen Ulmer, Stuttgart.
Letschert, Ursula (2003): Das Jahr mit Milchschafen. Verlag Eugen Ulmer, Stuttgart.
Sambraus, Hans Hinrich (2011): Farbatlas Nutztierrassen, Verlag Eugen Ulmer, Stuttgart.
Scholz, Wolfgang (2012): Käse aus Schaf-, Ziegen- und Kuhmilch, Verlag Eugen Ulmer, Stuttgart.

Haftung

Die in diesem Buch enthaltenen Empfehlungen und Angaben sind von der Autorin mit größter Sorgfalt zusammengestellt und geprüft worden. Eine Garantie für die Richtigkeit der Angaben kann aber nicht gegeben werden. Autor und Verlag übernehmen keinerlei Haftung für Schäden und Unfälle. Der Verlag Eugen Ulmer ist nicht verantwortlich für die Inhalte der im Buch genannten Websites.

Impressum

Bibliografische Information der Deutschen Nationalbibliothek
Die Deutsche Nationalbibliothek verzeichnet diese Publikation in der Deutschen Nationalbibliografie; detaillierte bibliografische Daten sind im Internet über http://dnb.d-nb.de abrufbar.

Das Werk einschließlich aller seiner Teile ist urheberrechtlich geschützt. Jede Verwertung außerhalb der engen Grenzen des Urheberrechtsgesetzes ist ohne Zustimmung des Verlages unzulässig und strafbar. Das gilt insbesondere für Vervielfältigungen, Übersetzungen, Mikroverfilmungen und die Einspeicherung und Verarbeitung in elektronischen Systemen.

© 2013 Eugen Ulmer KG
Wollgrasweg 41, 70599 Stuttgart (Hohenheim)
E-Mail: info@ulmer.de | Internet: www.ulmer.de
Lektorat: Dr. Eva-Maria Götz
Umschlagentwurf, Innenlayout und Satz: Freiraum K, Karen Neumeister, Stuttgart
Druck und Bindung: Westermann Druck, Zwickau
Printed in Germany

ISBN 978-3-8001-7974-9

Für glückliche Schafe

- **Alle Abläufe der Schafhaltung**
- **Porträts von Schafrassen**
- **Mit 680 wunderschönen Farbfotos**

In 680 farbigen Fotos und Texten werden sämtliche Arbeiten und Abläufe in der Schafhaltung detailliert gezeigt. Themenbereiche sind: Porträts verschiedener Schafrassen, das Verhalten der Schafe, der Umgang mit ihnen, das Schaf als Landschaftspfleger, die verschiedenen Arten des Herdenmanagements, Fütterung, Stall- und Weidepflege, Lämmeraufzucht, Gesunderhaltung, Produktegewinnung und -verarbeitung.

Fotobuch Schafe. G. Fischer, H. Rieder, F. und R. Volk. 2., akt. Auflage 2011. 160 S., 680 Farbfotos, geb. ISBN 978-3-8001-6417-2.

- **Rassen, ihre Eigenschaften und Leistungsmerkmale**
- **Fütterung, Haltung, Pflege und Gesunderhaltung**
- **Nutzung der Schafweide**
- **Naturprodukte vom Schaf**

Das Praxisbuch zu Schafhaltung vermittelt in leicht verständlicher Weise das elementare Fachwissen und gibt viele Anregungen mit dem Ziel, die Freude an den Schafen und den Nutzen, den sie bringen, mit einer artgerechten Haltung zu verbinden.

Schafe halten. H. Rieder. 5., überarbeitete Auflage 2010. 158 S., 28 Tabellen, 82 Farbfotos, 24 Zeichn., geb. ISBN 978-3-8001-6416-5.

Ulmer **Ganz nah dran.**